玩 转

ChatGPT

赢在 AI 时代

蔡余杰 著

中国纺织出版社有限公司

内 容 提 要

2022 年，ChatGPT 强势进入大众视野并火遍全世界，掀起了一场人工智能的巨大热潮，给我们的工作和生活带来了巨大的改变。本书从 ChatGPT 的基础概念入手，一点点向读者揭开 ChatGPT 的神秘面纱；接着详细介绍了 ChatGPT 的应用场景、ChatGPT 能为我们做的事情以及 ChatGPT 的使用方法，让读者可以顺利使用 ChatGPT；然后介绍 ChatGPT 的最新发展，让读者掌握其发展现状；最后展望 ChatGPT 的未来，让读者可以了解 ChatGPT 的发展趋势。本书整体结构清晰，内容完整，可供希望利用 ChatGPT 为自己的工作和生活助力的人学习、使用。

图书在版编目（CIP）数据

玩转ChatGPT，赢在AI时代 / 蔡余杰著. -- 北京：中国纺织出版社有限公司，2024.6
ISBN 978-7-5229-1686-6

Ⅰ. ①玩… Ⅱ. ①蔡… Ⅲ. ①人工智能 Ⅳ. ①TP18

中国国家版本馆CIP数据核字（2024）第074878号

责任编辑：段子君 李立静 责任校对：高 涵
责任印制：储志伟

中国纺织出版社有限公司出版发行
地址：北京市朝阳区百子湾东里 A407 号楼 邮政编码：100124
销售电话：010—67004422 传真：010—87155801
http://www.c-textilep.com
中国纺织出版社天猫旗舰店
官方微博 http://weibo.com/2119887771
天津千鹤文化传播有限公司印刷 各地新华书店经销
2024 年 6 月第 1 版第 1 次印刷
开本：710×1000 1/16 印张：11
字数：106 千字 定价：59.80 元

目录

科技给我们带来的震撼总是无比巨大的，它不仅能够刷新我们的认知，还能改变我们的工作和生活。前有互联网的出现和普及，后有 ChatGPT 的横空出世，均带来了全新的 AI 革命。

从 2022 年开始，ChatGPT 就强势进入大众视野并火遍全世界，掀起了一场人工智能的巨大热潮。ChatGPT 之所以会在全世界引起轰动，主要原因是它太先进了。以前的人工智能还能看出是机器，和人类有十分明显的区别，而 ChatGPT 几乎让人分不出它和人类的区别，通过关于人工智能的"图灵测试"也是轻轻松松。它不但和人极为相似，而且能力比一般人强大很多，令人吃惊之余，也令人担忧，担忧它会让很多人失业。

有人认为 ChatGPT 将会使很多人失业，这种观点并不准确。另一种观点相对来说显得更准确一些，就是未来擅长使用 ChatGPT 的人可能会替代不擅长使用 ChatGPT 的人。ChatGPT 再先进也是一种工具，我们不用排斥它，要去了解它并学会使用它。当我们玩转它的时候，我们就能够在今后拥有更多的主动权，在竞争中更有优势。

当新技术出现时，我们要去了解它，看看怎样让它成为我们生活和工作的助力，而不是排斥它或无视它。这才是一种积极的态度，同时也是一种年轻的心态。

本书从介绍 ChatGPT 入手，一点点向读者揭开 ChatGPT 的神秘面纱。即便是一个对 ChatGPT 毫无了解的人，也可以轻松读懂。读者可以轻松了解 ChatGPT 的基础知识，包括什么是 ChatGPT，以及 ChatGPT 背后的技术原理和算法等。

在对 ChatGPT 有了一定的了解之后，你可能就会想到，既然它这么厉害，那么它有什么应用，对我有什么好处呢？所以接下来就介绍 ChatGPT 的应用场景与使用方法等。看过这些之后，你就对 ChatGPT 的使用有了一定的认识，如果再去实际使用一下，就能够快速上手，成为一个会使用 ChatGPT 的人了。

然而，要玩转 ChatGPT，只靠这些还不够，我们要时刻关注 ChatGPT 的最新发展。例如，了解我们可以在 GPT 商店里购买哪些应用，GPT-4 Turbo 相比 GPT-4 进行了哪些升级，目前最新发布的 GPT-4o 又是什么，能为我们做哪些事？

我们不仅要把握现在，更要放眼未来。本书最后对于 ChatGPT 的未来也有一些预测和展望，可以帮助读者把握更长远的未来，为读者玩转 ChatGPT 提供更为长远的战略眼光。

相信读过本书之后，一个之前从未了解过 ChatGPT 的人也可以使用 ChatGPT，而一个之前就对 ChatGPT 有所了解的人可以玩转 ChatGPT 并具备更长远的目光，让自己在 AI 革命的新时代当中获得最终的胜利。

蔡余杰

2024 年 5 月

ChatGPT是什么

从 2022 年开始，ChatGPT 就强势进入大众视野并火遍全世界，掀起了一场人工智能的革命。我们经常能在新闻媒体上或短视频当中看到 ChatGPT 这个名字，但它到底是什么，可能有些人还是不太清楚。

ChatGPT 是美国的 OpenAI 公司在 2022 年 11 月 30 日发布的，它一经发布便引起了各界的广泛关注，掀起了人工智能的热潮。ChatGPT 其实是一个英文缩写，它的全称是 "Chat Generative Pre-trained Transformer"，意思是对话生成型预训练转换模型。简单来说，它就是一个可以聊天的机器人，只不过它比我们以往接触到的机器人都更加智能。

我们可能接触过小爱同学、小度等智能语音助手，它们虽然比较强大，能够根据我们的语言指令去做事，但和 ChatGPT 比起来就差得很远了。它们只能像机器一样去执行我们的命令，而 ChatGPT 可以像一个真人一样和我们聊天，还可以通过我们聊天的内容进行一定的分析，给出我们想要的答案。

除了聊天，ChatGPT 能做的事情还有很多，比如撰写邮件、视频脚本、文案，翻译，撰写代码等。可以说，ChatGPT 让人工智能真正变得"智

第一章
万众瞩目的ChatGPT

　　ChatGPT 从发布时起，就集万千目光于一身，成为人们眼中一项改变世界的新技术。无论是否特意关注过，我们都或多或少听过它的名字。那么，它到底是什么呢？它能给我们带来什么帮助呢？

第五章　ChatGPT 的使用方法

第六章　ChatGPT 的最新发展

第七章　ChatGPT 的未来

能"起来，以前的人工智能更像机器，而 ChatGPT 更像一个人。正因如此，ChatGPT 一经问世，就引起了轩然大波，受到了空前的关注。

在多年以前，科幻电影中就有很多关于人工智能的猜想，但在 ChatGPT 出现之前，那都是遥不可及的，因为我们的人工智能太"笨"了，根本不像人。ChatGPT 让人们感觉到，机器人像人一样运作的那种科幻场景已经近在眼前了。

当一项新的技术或发明进入人们的视野当中并且火爆时，一般人们首先会怀疑，这是不是在炒概念，这是不是在搞噱头。这种想法十分正常，因为从新技术和发明的出现，到它们真正落地应用到普通人的生活当中，往往还需要很长的路，所以不少新技术和发明都会在一开始火爆之后迅速降温，甚至有时候会被人们抛弃。ChatGPT 显然不同，因为它一经出现就直接被人们用在自己的生活或工作当中了。因此，我们有理由相信，ChatGPT 不是炒概念，它的出现会真实地给我们的生活和工作带来改变，甚至给整个世界带来一次不亚于互联网出现时的重大科技革命。

ChatGPT的发展史

任何一项技术都需要一个发展的过程，ChatGPT 也不例外。我们一开始接触的 ChatGPT 其实已经经历了几次迭代了，只不过刚开始它的功能还没有像现在一样这么强大，所以 OpenAI 公司没有将它拿出来和世人分享。

ChatGPT 是由 OpenAI 公司研发出来的，我们要了解 ChatGPT 的发展史，先要了解一下 OpenAI 公司。

在 2015 年，马斯克和彼得·蒂尔等人一起注资 10 亿美元成立了一家非营利组织，即 OpenAI，来进行 AI 方面的相关研究。和其他 AI 类的公司不同，OpenAI 公司是非营利的，就像是单纯为了研究某项技术的大学兴趣小组。OpenAI 的研究成果和专利都是对外公开的，这一点也证实了它非营利的特性。

马斯克在后来发现，如果要研究 AI，就会和他在特斯拉公司的一些研究产生冲突，比如无人驾驶之类的技术。为了免去一些麻烦，也避免特斯拉公司和 OpenAI 公司产生利益冲突，马斯克在 2018 年退出了 OpenAI 公司董事会。也是在 2018 年，OpenAI 公司发表了一篇论文，介绍了一个新的语言学习模型 Generative Pre-trained Transformer，也就是 GPT。

以前的语言学习模型需要人来监督，或者人来设置一些标签。GPT 则不需要人监督，也不需要设置标签，可以直接将资料丢给它，由它自己来完成学习。从这我们就可以看出，它比以前的语言学习模型要先进很多。

下面，我们就来了解一下 ChatGPT 的发展史。

1. GPT-1

在 2018 年 6 月，OpenAI 推出了第一代 GPT，也就是 GPT-1。

GPT-1 是一个利用无监督学习算法进行训练的语言模型。这个模型会从数量庞大的网络文本里面将知识提取出来，然后不断进行训练，最终使用这些知识来构成全新的文本，这些文本看起来就像是它自己创作的。

尽管 GPT-1 刚出现时还不是很成熟，在生成文本方面会有一些错误，语句相对比较生硬。但不可否认，它的出现是一个巨大的成功，将来它升级以后会变得更加强大，而事实证明也的确如此。

2. GPT-2

在 2019 年 2 月，OpenAI 推出了第二代 GPT，也就是 GPT-2。

GPT-2 是预训练模型，我们可以将巨量的信息输入进去，对它进行大量的训练。我们每个人一生中读书的数量是有限的，而它可以获取海量的信息进行训练，是一本巨大的百科全书。在这庞大的信息当中，它会获得知识，懂得语言的模式和规律。

由于比 GPT-1 拥有更大的知识量，所以 GPT-2 变得更加强大了。相比 GPT-1，GPT-2 对于语言的理解能力变得更强了，在和人进行问答时表现得更好，其创作、翻译、做摘要等方面的能力也是可圈可点的。GPT-2 所生成的文本比 GPT-1 更流畅，不会有生硬的感觉，如果不去认真分析，很难看出这是由 AI 生成的。

3. GPT-3

在 2020 年 6 月，OpenAI 推出了第三代 GPT，也就是 GPT-3。

GPT-2 比 GPT-1 强大很多，而 GPT-3 比 GPT-2 强大更多，因为它用于训练的信息内容有了更大的量级的提升，这就使它进步神速。

GPT-1 的参数是 1.2 亿，GPT-2 的参数是 15 亿，而 GPT-3 的参数是 1750 亿。这种数据的巨额提升使 GPT-3 变得无比强大。GPT-3 变得更加接近真人，不仅能够生成文本，还可以进行语音识别，可以做翻译等工作。可以说，此时的 GPT 已经具备了当客服的能力。

4. ChatGPT

2022 年 11 月，OpenAI 公司发布了 ChatGPT，它建立在 GPT-3.5 的架构之上。

GPT-3 的数据量是 1750 亿，它已经具备了像人类一样的能力，让人很难区分自己是和一个 AI 在聊天，还是在和真人对话。这使 OpenAI 公司对它有了更大的信心。在对 GPT-3 进行了小幅度的提升，还算不上迭代的情况下，OpenAI 公司推出了建立在 GPT-3.5 架构上的 ChatGPT。

ChatGPT 一经发布，就引起了全世界的关注，它太强大了，让人不敢相信它是真的。有人开玩笑地说，也许根本没有 ChatGPT 这个 AI，是 OpenAI 公司花钱雇了很多员工，让他们直接在电脑上回答用户的各种问题。这当然是一个玩笑，因为全球那么多的用户在使用 ChatGPT，如果是雇用员工，很难做到同时回复那么多用户的信息。不过，这已经足以证明，人们普遍认为 ChatGPT 的能力几乎和真人没有区别。

ChatGPT 带给世人的震撼非常强烈，人们纷纷去尝试使用它，仅仅 5 天时间，它的注册用户数量就突破了百万。截至 2023 年 1 月底，ChatGPT 的月活用户已突破 1 亿，刷新了消费者应用的用户数量增长纪录。

5. GPT-4

2023 年 3 月 15 日，OpenAI 发布了第四代 GPT，也就是 GPT-4。这时，GPT-4 就已经取代 GPT-3.5，成为 ChatGPT 的新语言模型了。

ChatGPT 虽然强大，其带给人们的震惊程度也十分巨大，但依旧有一部分人持观望态度，认为它无法胜任的工作有很多。然而，GPT-4 的出现使这些人的观念开始动摇，原因在于，GPT 技术的迭代速度太快了。即便刚开始它还不成熟，但按照这样的迭代速度，用不了多久，可能一两年，也可能几个月，它就变得非常成熟，能够在很多领域应用了。

要知道，现在微软公司的很多软件都使用上了 GPT 技术，其他领域的应用不会离我们太远。GPT-4 的文字输入限制提升到了 2.5 万字，可以对用户要求有更好的理解。此外，在 GPT-4 技术的加持下，ChatGPT 还具备了识图能力，它能分析出图片中的情况并给出合理的理解，就像人类一样。

比如，给它看一张气球的图片，并询问它剪短绳子会怎样，它会回答说气球会飞走。给它看一张隐藏有笑点的图片，它能分析出笑点在哪里。给它看一张不合逻辑的照片，它能说出照片中不合逻辑的地方。

具备了这样的识图能力，也就意味着如果将这项技术应用在机器人上，那么在某些情况下，机器人可以实现自主选择，并且它们的选择不会很机械，因为它的选择能力非常接近人类。我们有理由相信，AI 和人类无限接近的时刻真的到来了。

AI的检测标准——图灵测试

艾伦·图灵，英国计算机科学家、数学家、逻辑学家、密码分析学家和理论生物学家，被誉为计算机科学与人工智能之父。他是20世纪最有名的科学家之一，他为人工智能做出了巨大贡献。他发明的图灵测试简单、有效，是AI的检测标准，也是人工智能领域被广泛使用的测试方法。

在多年以前的科幻电影中，人们就已经开始幻想机器人和人一样，幻想机器人由于非常智能给人类带来了很多的方便，同时又制造了一些麻烦。人们对于人工智能早就充满向往并且着手去研究了，但是怎样检测一个AI是否足够智能成了一个问题。

正如计算机编程只有专业的人员才能看懂一样，想要让没学过编程的人也看懂这个程序是否编写得很好，需要有一个不需要使用专业知识的检测方法。这个检测方法能够让每个人直观感受到结果的好坏，也能获得专业人员的一致认可。AI的算法十分复杂，如果靠检测算法来检验AI，不仅非常复杂，普通人也搞不懂。而且设计AI的人非常多，每个人设计出来的各不相同，想要筛选出哪一个AI更好，只靠算法几乎不可能。

图灵却没有因此发愁，他明白，检验产品的一个非常好的方式就是实际应用。一个程序编写得好不好，用一用就知道了。一个 AI 是否智能，"拉出来遛遛"就知道了。我们不必去搞懂它使用的算法是怎样的，其是否先进，我们只要实际去和它沟通一下，就能判断出它是不是像一个真人。如果它像真人一样，那当然符合我们的预期，算是个非常先进的 AI 了。反之，如果它和真人差距很大，它当然不够智能，也不符合我们对人工智能的期待。

图灵测试就是这么简单，不需要专业的知识，只需要找人和 AI 对话即可。如果通过对话，大家能够很轻松地判断出对方是机器人，那么这个 AI 就不是很智能。如果大家很难判断出对方是机器人，还是一个真人，那么它就算是通过了测试，是一个很智能的 AI 了。

这个测试简单、直接，每个人都能一眼看明白。就像我们在网络上使用聊天软件和人聊天，如果对方是个机器人，而我们却以为对方是个真人，那么这个机器人的智能程度就是和真人一样的，它可以通过图灵测试。

在具体的图灵测试中，一位评委在互相不见面的情况下，通过网络与一个计算机程序和一位真人分别交谈（图 1-1）。通过不断交流，评委要区分出哪个是真人，哪个是计算机程序。如果计算机程序表现得非常像一个真人，评委最终无法分辨，程序就算是通过了图灵测试。否则，程序就没有通过图灵测试。

图 1-1　图灵测试

图灵自己就曾进行过一次图灵测试。他让一个人在屏幕上输入问题，同时有一个机器在屏幕上回答问题，让第三方人士分辨回答者是人类还是机器。这是图灵测试最早的实验之一。

Loebner Prize 是一个图灵测试竞赛，参赛者需要开发出一个聊天机器人，并让其与人类交互。评判团将在盲测的情况下，评价哪个机器人最接近人类的表现。该竞赛已经连续几年举办，但是还没有任何参赛的聊天机器人能够通过测试。

MIT 的 ELIZA 程序是一款经典的聊天机器人程序，它使用简单的自然语言处理和模式匹配技术，能够模拟出一个心理医生的言谈风格，与用户进行对话，帮助用户解决一些简单的问题，如情感问题等。

2014 年，一个名为"Eugene Goostman"的聊天机器人在图灵测试中通过了第一关。与此同时，一些企业开始使用图灵测试来开发新产品。

图灵测试虽然简单，但在 ChatGPT 出现之前，很少有 AI 能够通过这项测试。

我们以前可能在很多地方见过人工智能的机器人助手，无论是网络上还是在现实中。比如，QQ 群里的机器人小助手，网络客服里的机器人客服，拨打移动或联通等公司的电话时出现的智能自助查询，在某些银行大厅中的人工智能小机器人，一些送餐、送快递的人工智能机器人。

这些我们平时见到的 AI，它们回答问题的方式非常简单，就是问什么答什么，处理问题也显得十分机械。我们能够一下子就感知到对方是机器人而不是真人。现在，ChatGPT 几乎和真人没有什么差别，可以让人无法轻易分辨出它是真人还是机器，可以通过图灵测试。

以前，几乎没有 AI 能够通过图灵测试，现在，随着 GPT 技术在各个领域的应用，除了 ChatGPT，能够通过图灵测试的 AI 会越来越多，可以说，我们在人工智能方面跨出了无比重要的一步。

目前常见的AI有哪些

早在 ChatGPT 出现之前，我们就已经有很多 AI 了，只不过它们还没有像 ChatGPT 那么智能。AI 在各个领域都有，存在着众多的分支，包括机器学习、深度学习、自然语言处理、计算机视觉、语音识别等。AI在各个领域中都有十分广泛应用，如医疗、金融、农业、物流、智慧城市等。

1. 机器学习

我们想要让计算机执行一些任务，一般需要使用可以响应任务的软件。如果没有这样的软件，则需要专业的程序人员编程。这对技术的要求非常高，不是一般人能够做到的，也不是机器能在日常使用时就可以学习的。

机器能够在人们平时的使用中就进行学习并不断改进，这就是机器学习。AI通过机器学习，能够像人一样不断进步，继而变得越来越优秀，从而为人类提供更好的服务。一些翻译软件，比如谷歌翻译，就可以通过自动学习来提高翻译的准确性，并让翻译的句子变得更加通顺。

机器学习具体可以分成监督学习、无监督学习和强化学习三种。

监督学习是一种已知输入和输出数据的学习算法。将输入数据和期望输出数据组成训练集，通过训练，计算机程序便可以推导出相应的规律，实现学习进步。监督学习常见的一些应用场景包括图像分类、语音识别、文本分类、金融风险评估等。

无监督学习是一种没有已知输出的学习算法。数据挖掘和模式识别一般会用到这种学习算法。通过对数据集里面的模式、规律的查找，AI可以识别数据集中的潜在关系，继而不断变得更强。无监督学习常见的应用场景包括聚类、异常检测和推荐等。

强化学习能够使AI学会如何在不同的环境中行动，以使策略更优、效果更好。正如人会在不断地试错中成长一样，AI 也可以通过不断尝试，获得很大的进步，找到最优解。强化学习一般会应用在游戏、智能客服、自动驾驶等领域，其应用效果很不错。

2. 深度学习

想要让 AI 像人一样，它就应该有像人一样的神经网络去进行深度学习。深度学习就是用深度神经网络进行学习，其能使 AI 更聪明。深度神经网络有很多层次，每一层都会对上一层做出自适应性的反馈，抽取数据中的抽象特征，继而做出更好的应对。在计算机视觉、自然语言处理、语音识别和推荐系统等领域，深度学习的 AI 一般会有所应用。

3. 自然语言处理

自然语言处理是指利用计算机技术处理语言的技术。ChatGPT 问世之后，AI 对自然语言处理的能力变得越来越强大。自然语言处理需要的技术一般包括词法分析、句法分析、语义分析、主题建模和情感分析等。通过这些技术，计算机就可以去理解我们平时说的话。

很多领域，比如文本分析、文本分类、文本翻译、自然语言生成和智能对话等，都会用到自然语言处理技术。我们常见的自然语言处理 AI 有小爱同学、小度等，通过和它们对话，我们就可以下达指令，让它们来帮我们去执行。随着 ChatGPT 不断迭代，自然语言处理技术变得越来越强大，我们慢慢可以像和人交流一样去和 AI 交流了，而不是用之前下达指令的那种交流方式。

4. 计算机视觉

计算机视觉是指通过计算机模拟人类视觉系统对图像和视频进行分析的技术。AI 要像人类一样自主做事，就离不开计算机视觉技术，因为它让 AI 有了一双眼睛。正因如此，计算机视觉 AI 在各个领域应用十分广泛，比如安防监控、自动驾驶、医疗图像分析等。通过计算机视觉技术，AI 能够识别图像中的对象、边缘、大小、颜色和形状等特征。比如，在监控当中，其不仅可以通过人脸进行识别，还可以通过身材和走路的姿势等进行识别。

现在，ChatGPT 不仅可以识别图片，还可以根据图片中的内容进行合理判断。在无人驾驶方面，AI 可以借助车载摄像头和传感器等设备识别道路上的情况，继而辅助驾驶，减轻驾驶员的驾驶疲劳。

5. 语音识别

语音识别技术就是通过一定的算法将音频信号识别出来，继而使其成为一个完整的语句。我们在使用语音来代替文字或按键来下达指令时，就会运用到语音识别技术。在语音交互的情境中几乎都会用到语音识别的 AI，比如电视机的语音菜单、声控智能家居等。

现在的语音识别技术还没有那么先进，有些时候可能识别不出来。当 ChatGPT 全面应用到这个领域之后，我们再和这些 AI 交互时，可能就会变得非常简单了。我们可以和电视交流、和空调交流、和饮水机交流，家里的每一件物品都仿佛有了灵性，仿佛活了过来。

6. 智慧城市

AI 在社会发展当中有十分重要的作用，能够帮助我们将整个社会建设得更好。在智慧城市当中，我们能够看到很多 AI 的身影。比如，通过实时信息的传递，将公交车的位置和预计到达的时间显示在公交站牌上；将红绿灯和 AI 联系起来，使整个城市的红绿灯能够从整体出发调控城市的车流，使道路更加畅通。

除了我们每个人能够感知到的 AI 应用，对于整座城市的未来规划和预测，AI 也是可以有很大作为的。我们将大数据输入 AI 系统，让 AI 为城市做更加科学的规划，帮助城市发展得更好。

7. 人机协作机器人

我们理想中的人工智能机器人，是像电影里那样一个像人一样可以正常交流的机器人。虽然我们现在还没能生产出那样的机器人，但在 ChatGPT 的加持下，现在的机器人不仅可以像人一样和我们正常交流，还可以做出面部表情，将各种情绪表现在脸上。

除了像人一样的机器人，AI 在各种工作领域早就得到了广泛应用，它们可以是无人生产线上的智能机器，可以是智能控制的自动化装置，还可以是既可以人工操作又可以自动操作的半自动型的工具。

随着 ChatGPT 技术不断在 AI 领域深度应用，我们很快会将人机协作的机器人变得和真人十分相似，并且在工作中收到更好的协同工作效果。或许在不久的将来，我们的工作助手都是一个人工智能机器人，它不但能力更强，而且吃苦耐劳，还不会和我们闹矛盾。

ChatGPT和其他AI相比强在哪儿

在 ChatGPT 诞生之前就已经有非常多的 AI 技术了，只不过这些 AI 技术都不如 ChatGPT 强大而已。那么，ChatGPT 和其他 AI 相比，到底强在哪儿呢？

ChatGPT 带给世界的震撼是巨大的，这种震撼有很大一部分源于它的强大。和以往的 AI 专攻某个领域不同，ChatGPT 的强大是全面的，它几乎什么都可以做，没有太明显的短板。正因如此，它才令人感到如此震惊。

1. 强大的语言能力

在 ChatGPT 出现之前，我们的 AI 一般只会进行非常简单的对话，那并不像是人与人的交流，更像是一种一问一答的机械式互动。ChatGPT 通过深度学习的算法，能够更好地处理人类的自然语言，理解自然语言，并使用自然语言回答问题。这样一来，我们在和 ChatGPT 对话时，就会感觉它是一个真人，而不是一下子就知道它是一个机器。

由于 ChatGPT 具备了强大的语言处理能力，我们在使用 ChatGPT 时也方便了很多。我们可以通过自然语言和它交流，让它帮我们做事，而不需要像以前那样需要用特定的交流方式，还要去学习，去使用软件，甚至是使用编程技术。

ChatGPT 的语言能力让其变得更像一个真人，也变得更容易被我们使用，不需要我们学习。这是它的巨大优势，也是它能迅速走向各行各业，迅速在应用层面落地的一个基础。

2. 海量的数据

我们经常听到大数据这个词，但是以前的 AI 并没有使用非常庞大的数据量。即便是 GPT，在一开始的时候，其使用的数据量也没有那么大。但随着投入资金的不断增加，GPT 的数据量也不断增长，到 ChatGPT 推出之前，即在 GPT-3 的时候，它的数据量就已经庞大到令人震惊，有 1750 亿，堪称是海量了。而现在，OpenAI 公司并没有继续公布 ChatGPT 的数据量，但我们可以想到，它的数据量应该是十分惊人的。

如果说强大的算法让 ChatGPT 成为一个聪明的大脑，那么拥有了海量的数据，就相当于是一个人读遍了全世界的图书馆，同时又看遍了人世间真实的人生百态。这样的一个超级大脑当然十分强大。因此，ChatGPT 几乎能做我们大脑能做的所有事情，如果给它装上像人类一样灵活的躯干，那它就真的有可能成为一个比人类还厉害的智能机器人了。

3. 非常灵活

以前的 AI 需要从事特定的工作，回答特定领域的话题内容，如果让它做其他方面的事情，或者回答其他领域的问题，它是做不了也答不上来的。

我们可以将以前的 AI 认定为一个"专才"，只负责特定的内容。ChatGPT 则具备了各个领域的能力，它是一个"全才"，什么问题都可以回答，什么事情都可以去做。

ChatGPT 不但更加灵活，而且做得能够和各个行业和领域的高手差不多，这样的水平确实令人感到惊叹。

4. 联系上下文

以往的 AI 是，我们问一句，它答一句；我们下一个命令，它做一件事。整个过程不可以复杂，不然它是无法接受我们的指令的。如果我们在询问时用很长的篇幅描述自己的问题，或者在要求它做事时下达一个很长篇幅的命令，那么它可能无法识别。

ChatGPT 具备联系上下文的能力，能够像真人一样总结出我们的意思。即便我们用很长的句子来表达自己的意思，它也能够明白我们说的是什么。随着 ChatGPT 技术的不断升级，它能够理解的最大文字数量也不断提升，GPT-4 可以处理的文本长度已经达到了 4000 个字符。

5. 知识深度探索和挖掘

一般的 AI 就是我们提问什么它就回答什么，而且回答的内容是比较简单的。这种简单不是说它的回答不够专业，而是说它的回答是固定的。如果我们继续提问同样的问题，它很有可能会重复之前回答的内容，就是网友们常说的"复读机"模式。相信不少人在和人工智能客服聊天或咨询问题时遇到过这样的情况，有时我们想问清楚一个问题会费很大的劲儿，令人感到十分不方便。

ChatGPT 则具备知识深度探索和挖掘的能力。当我们询问一个问题之后，如果对它的回答不满意，我们可以继续追问，而它不会像其他 AI 那样当"复读机"，而是继续就我们的问题进行深挖，回答一些更深层次的答案。通过不断追问，我们基本能够得到自己想要的答案，真正解决我们的问题。

6. 语境处理

ChatGPT 可以处理比较复杂的文本和语言，这是以往的 AI 不能做到的。以前的 AI 只能理解我们一些简单的指令，有时甚至是只有在我们说出特定的词语时，它才能理解我们的话，并去执行。ChatGPT 不仅能够像人一样和我们进行交流，还具备在不同的语境当中对我们的话进行理解的能力，让我们在和它交流时非常轻松。相比以前的 AI，ChatGPT 就像是一个理解力非常强、智商非常高的人一样，能够使我们省去很多交流上的麻烦。

7. 自主学习能力

ChatGPT 非常智能，拥有很强的自主学习能力。它能够通过交流学到很多的内容，使自己的表达变得更好。也就是说，如果刚开始它像是一个不太会与人交流的婴儿，那么随着我们不断和它交流，它就像在牙牙学语一样，逐渐学会说话，并最终变成一个很会说话的语言大师。这种强大的自主学习能力，让 ChatGPT 能够在交互当中占据优势，与其他 AI 相比可以说是独占鳌头。

8. 更广泛的应用领域

我们前面说了，以前的 AI 一般是在特定的领域应用，属于"专才"。ChatGPT 则因为拥有海量的数据库，在各方面的能力都很强，是一个"全才"。其他的 AI 应用于特定的领域，很难在其他领域应用。假如一款 AI 非常好用，想要应用到其他领域是很难的，我们不得不去专门开发新的 AI。ChatGPT 则可以直接应用到各个领域，不需要额外去开发，即便进行一些开发，也是在原来的基础上做一些小的改动，不会太难。这样一来，ChatGPT 的整体研发成本相对更低，一次研发和升级基本对全行业都有效，非常划算。

9. 集成更方便

由于其他 AI 是应用在不同领域的，想要将它们的技术集成起来是很难的，因为隔行如隔山。而 ChatGPT 在各个领域都可以应用，它就像是一个什么都懂的人，所以它不怕跨行业，可以很轻松地和其他 AI 技术结合起来，让它在特定的领域变得更加强大。

现在很多软件和应用都开始和 ChatGPT 相结合。比如，微软的搜索以及各种办公软件，在和 ChatGPT 结合之后，变得更加智能。ChatGPT 能够使 AI 变得更加智能，而特定的 AI 使 ChatGPT 在特定的领域变得更加专业。这种结合可以说是强强联合，能够带来非常大的提升。

ChatGPT能帮我们做什么

　　一个新兴的事物非常强大，这是令人感到兴奋的事情，因为这代表人类的技术又有进步了。然而，在兴奋之后，我们普通人能够真正感受到的还是它给我们的生活和工作带来了怎样的变化。尽管 ChatGPT 非常强大，也带给了世界不小的震撼，我们依旧要问一句，它能帮我们做什么？

　　实际上，ChatGPT 并非华而不实的技术，这一点我们可以放心。因为 ChatGPT 本来就是为了给人类提供服务而研究出来的，如果它不能给我们提供服务，那就违背了 OpenAI 公司研究它的初衷。

1. 提供信息

　　ChatGPT 拥有海量的信息内容，所以它首先能帮我们做的事情，就是提供信息。以前我们在百度、谷歌等搜索引擎搜索信息时要我们自己筛选，过滤掉无数的广告，然后才能找到我们需要的内容。如果对于内容本身的辨别能力不够，我们可能会受其误导。

　　ChatGPT 是非常智能的，它给我们提供信息，筛选信息，不需要我们自己再去挑选。由于 ChatGPT 在各个领域都很厉害，它给我们筛选出来的信息，相比搜索引擎推给我们的信息更加可靠。相信在 ChatGPT 广泛应用之后，我们在搜索信息时就会更加省力省心，而且得到的信息也更接近真实。

2. 聊天和互动

现在网络虽然十分发达，但依旧有不少人内心比较孤独，需要找人聊天互动。然而，如果真找一个人聊天，别人可能没那么多时间，毕竟大家平时生活和工作都很忙。那么，找一个机器人来聊天和互动，或许是更好的选择。但如果机器人的聊天水平和真人差距太大，聊不了几句，就会让人们觉得无趣，懒得再继续下去。ChatGPT 解决了这样的问题，它在和人互动时非常灵活，甚至能让研发人员认为它存在意识，这说明它的聊天和互动能力非常强。

不过有一点要特别注意，就是我们要去限制 ChatGPT，规定它只传播正面价值的聊天内容，不传播负面价值的聊天内容，这样才对和他聊天的人有好处。否则，一旦 ChatGPT 将负面情绪传递给人，其结果可能是非常可怕的。

3. 提供精神健康支持

ChatGPT 能够和人很好地聊天互动，当然也可以给人提供精神健康支持。有些人因为生活经历或者工作压力等原因，精神方面不是特别健康，需要有人来开导。ChatGPT 可以做到 24 小时陪伴，并且它完全可以胜任心理医生的工作。

将来，我们可以把 ChatGPT 做成智能机器人，让它可以一直陪在人的身边，并且随时给出积极的心理支持和建议。或者，我们可以将它做成一个像手表一样便于携带的 AI 工具，这样不但可以将它轻松带在身上，随时向它咨询，还可以降低成本，让治疗费用变得不再昂贵。

4. 教育支持

ChatGPT 就像是一个无所不知的巨大图书馆，它拥有那么强的能力，自然可以用来给教育提供支持。教育机构可以从它这里获取教育资源，学生可以从它这里查到学习资料，老师们也可以通过它来制定教学计划。

5. 提供娱乐

娱乐是人们放松的重要方式，而 ChatGPT 可以给我们提供很好的娱乐帮助。当我们不知道最近哪部电影比较好时，我们可以去询问它，然后很快就可以决定去看哪一场电影。同样的，对于其他娱乐项目，我们也可以向 ChatGPT 询问意见，让它快速帮我们拿主意。至于网络上的趣事，更是可以让 ChatGPT 推送给我们，不漏过每一个有趣的内容。

6. 提供建议

在娱乐时，我们可以让 ChatGPT 帮我们筛选。而在其他事情上，我们也可以让 ChatGPT 给我们提供建议。我们可以将我们遇到的问题告诉它，让它来帮我们分析和规划，让它替我们出主意。相对于人，它拥有更多的信息，给出的建议往往更加科学。

7. 改善用户体验

用户体验对任何产品来说都是十分重要的，而提升用户体验很重要的一点就是提供个性化服务。ChatGPT 既然能够像人一样和我们互动，当然也就更善于处理个性化的问题。它可以根据每个用户的需求和特点提供个性化的服务，使用户体验变得更好。

8. 节省时间

几乎所有的问题，我们都可以去询问 ChatGPT 的意见，让它帮我们出主意，让它帮我们筛选内容。这样一来，我们就会节省很多时间，提高生活质量，提高工作效率，这对我们的幸福生活有很重要的作用。

9. 提升 AI 技术

ChatGPT 是一个"全才"，以它为基础连接众多的 AI 技术，不仅能够使 AI 更容易操作，还能够使 AI 应用于更多的领域。

我们在与 AI 交互时不那么容易，至少不能像我们和人沟通时那样顺畅，而在有了 ChatGPT 加持之后，与 AI 的交互可以变得和我们平时聊天一样，这是一个非常大的进步。有了这样的提升，每个人都可以轻松使用 AI。

第二章
了解ChatGPT的原理

　　我们在运用 ChatGPT 时，除了要了解它的用途，还应该了解它的原理，这样才能在使用时充分发挥它的能力，做到物尽其用。

自然语言处理技术

我们平时说话使用的语言就是自然语言，人与人之间可以通过自然语言来轻松交流，但如果我们要和计算机交流，就不能直接使用自然语言了，因为电脑"听不懂"。我们要先将自然语言转变为计算机能够"听懂"的语言，这也就是程序员编程的重要意义了。

当然，我们可以很轻松地操作各种软件让计算机做事，也就是说，我们是通过软件将我们的操作变成了计算机能够理解的指令。

假如我们能够使用自然语言让计算机执行我们的命令，那么我们会非常轻松。我们不需要打字，也不需要用鼠标点击屏幕。要知道，现在还有很多不会用计算机的人，他们连打字和点击鼠标都不会。用自然语言进行操作，其门槛自然是更低了。假如这个自然语言当中不仅包含普通话，还包含各地的方言，那它的门槛就进一步降低了，可以让每个人都使用。

要让计算机能够处理自然语言，就需要自然语言处理技术。简单来说，自然语言处理技术是一种涉及计算机语言处理的人工智能技术，能帮助计算机更好地和人沟通交流。它涉及语言学、计算机科学和数学等多个领域。

随着人工智能变得越来越强大，自然语言处理技术就变得越来越重要，因为要让人工智能变得更像人，至少它得听得懂人讲话，不然它和普通的计算机区别不大。

早在 20 世纪 50 年代，人们就已经开始对自然语言处理技术进行研究了。在那时，计算机科学家和语言学家合作开发了机器翻译系统和语音识别软件。这些系统和软件为后来的自然语言处理技术奠定了基础，不过，它们并没有多完美，存在各种问题。

到了 20 世纪 60 年代末和 70 年代初，自然语言处理技术迎来了发展的高峰。在这个时期，各种优秀的算法如雨后春笋般冒了出来，整个自然语言处理行业欣欣向荣。其中，词汇语法和语音学算法可以说是格外重要的，它们共同构建出了最早的自然语言处理系统。

在 20 世纪 80 年代和 90 年代，商业领域开始应用自然语言处理技术。语音识别、文本分析等都是建立在自然语言处理技术之上的。

到现在，我们已经可以用语音来进行很多交互了，比如语音下达指令、人机交互、语音转文本等。语音解放了我们的双手，让我们在和机器交互时变得更加方便，同时节省了我们的时间。

自然语言处理技术的应用领域十分广泛，下面简单列举几个比较常见的应用领域。

1. 机器翻译

如果我们要和外国人进行交流，或者要阅读外国的书籍，翻译就必不可少。如果翻译不够准确，那么对于交流或阅读会产生很大的影响。通过自然语言处理技术实现机器翻译，并通过提升自然语言处理技术的水平使翻译更加精准，帮助需要跨语种交流的人更好、更方便地交流，是自然语言处理技术的重要应用之一。

2. 语音识别

语音识别在语音搜索、智能家居等方面有很多的应用，而语音识别就是由自然语言处理技术支撑的。语音识别软件首先要接收声音，然后通过自然语言处理技术对声音进行识别和处理，将语音转化为相应的指令。随着人工智能技术的不断发展、自然语言处理技术的不断进步，语音识别也会变得更加强大，在更多的领域得到应用。

3. 文本分类

自然语言处理技术能够帮助我们对文本进行分类。通过对自然语言的处理，机器对文本有了一定的理解能力，然后就能够对文本进行分类，减轻人工处理的压力，并让文本信息的精度和完整度有所提升。在需要对用户数据进行分析的领域，这项技术有十分重要的价值。

4. 机器学习

ChatGPT能够自主学习和自然语言处理技术有很大的关系。正是由于这项技术，机器学习成为了可能。机器能够处理自然语言，进而使用大量的信息去训练，这些训练会使机器对语言的理解能力变得更强，继而进一步提高学习的能力，形成良性循环，使机器变得越来越强大。通过深度学习之后，机器就变得像人一样了，ChatGPT 正是因此而变得如此强大。

自然语言处理技术十分重要，在各个领域也有了众多应用，但它同时也面临一些问题。

1. 语言规则编写复杂

世界上的语言有很多种，如果想要让机器识别一种新的语言，就需要程序员编写出对应的语言规则和语法规则。这个过程是十分复杂的，编写完之后，还要根据实际的使用情况进行修改等。整个过程要经历漫长的时间，这是自然语言处理技术变强大的一个障碍。

2. 缺乏语料库

自然语言处理技术要想变得强大，离不开大量的信息数据。但是，对于某些语种来说，很难找到大量的语言信息数据。缺乏语料库就使这个语种的语言处理技术难以进步，给技术发展带来很大的困难。

3. 文本歧义性

我们在说话时，同样的话用不同的语气说出来可能会有不同的意思；同样的话在不同的语境当中也可能会有不同的意思。文本的复杂性使自然语言处理技术面临不小的困难，一不小心就可能会在有歧义的文本上出现错误。

想要减少文本歧义带来的错误，就要在实际应用中多去关注，及时修改错误的程序，使自然语言处理技术在实践当中逐渐变得更强。

神经网络模型

AI 是机器，想要让它具备类似于人的功能，它就需要有像神经一样的系统，而神经网络模型便起到了这样的作用。在人工智能领域当中，神经网络模型是一项十分重要的科技，它使用数学模型来模仿人的神经系统工作原理，使 AI 具备了处理复杂问题的能力。

神经网络模型多种多样，包括前馈神经网络、递归神经网络、卷积神经网络、长短期记忆神经网络等。神经网络模型在如图像识别、语音识别、机器翻译、自然语言处理等方面得到应用，用途十分广泛。

一般情况下，神经网络模型是由不同的层级组成的，每个层级里都会有一些神经元。上一层级的神经元将数据传给下一级神经元，下一级神经元通过相应的加权、运算和激活函数处理之后，得到新的数值，并将新的数值输出给下一级的神经元。通过这样一层一层的处理，整个神经网络模型就具备了像人一样的学习和预测能力。

神经网络模型的结构很重要，这决定了它是如何进行学习的，先进的结构能够让它学得又快又好。与结构同样重要的是对 AI 的训练过程。

神经网络模型的神经元之间会有权值存在，在训练时，这些权值会先处于初始化的状态，当数据输入之后，权值会自动调整，最终达到一定的效果。

在训练过程中会用到梯度下降算法，它能使 AI 输出的答案变得越来越接近正确。这个算法将 AI 的输出和实际标签进行比较，通过误差的大小来对各个权值进行调整。在经过多次迭代之后，其准确率会变得非常高。训练过程中要对数据集进行分类，通常可以分为训练集、验证集和测试集。用训练集进行训练，用验证集进行调参，最后使用测试集进行测试，即对模型的效果进行评估。

AI 想要获得像人一样的行动能力，对图像的识别能力必不可少，只有能对图像识别，它们才能够自行判断、自行处理事情。正因如此，神经网络模型在图像识别方面的应用，是其众多应用中非常典型的一个。在深度学习模型当中，当我们将训练样本输入之后，AI 就能够对图像、文字和数字等进行自动识别，非常神奇。

除了图像识别，语音识别也是神经网络模型的一个非常重要的应用领域，因为它能够使我们在和 AI 交流时更加方便、快捷。神经网络模型能够将我们传递给 AI 的语音信息转化成文本信息，然后被 AI 识别和理解，继而和我们进行正常的交互。

在机器翻译当中，神经网络模型的作用也是很重要的，正是因为有它的存在，AI 才能够将语言翻译为各种各样的文本。

在人工智能技术的发展过程当中，神经网络模型会变得越来越先进，也会使 AI 变得更加聪明，无论是 AI 的学习速度还是 AI 输出问题的精准度，都会有很大的提升。神经网络模型也会在更多的领域得到应用，使 AI 变得更加全能，而且使用起来也更加方便。比如，深度学习技术就是神经网络模型的一种进化，包括卷积神经网络、残差神经网络、循环神经网络等。这些网络模型的出现让 AI 在各个领域的表现变得更好。

我们普通人对于神经网络模型的具体结构并不清楚，能够直观感受到的就是 AI 好不好用、聪明不聪明、做事准确率如何。其实，在发展神经网络模型时，这些正是我们需要考虑的重要部分，因为理论要和实践结合起来，研究也是为了让 AI 变得更强大。神经网络模型进步的标志就是 AI 的性能最终得到提升，而且训练更简单、更快见效、精度更高。同时，减少不必要的训练、重复的训练等，以节省训练的时间和能源消耗，也是我们应该注意的。

人类的神经网络系统是非常发达的，它只需要很少的能量就可以驱动，而机器的神经网络系统往往需要更多的能源。我们要进一步深入研究这个模型结构，使机器的神经网络模型变得更快，消耗能量更少，到那时我们才可以说，人工智能真的和人类差不多了。

生成对抗网络技术

人类对于人工智能领域的想象从没停止过，而当人工智能技术逐渐发展起来时，它的神奇也给了我们不小的震撼，给我们开启了一扇全新的世界的大门。生成对抗网络（Generative Adversarial Networks，GAN）技术是人工智能领域一个很重要的技术，在人工智能不断发展的同时，它也引起了人们的重视。

1. GAN 技术的原理

GAN 技术通过两个神经网络之间的博弈使机器能够生成高质量的图像、音频以及其他类型的数据元素。

GAN 技术中的两个神经网络分别是生成器（Generator）和判别器（Discriminator）。生成与给定数据集类似的新数据是生成器负责的，判断这个数据是真实数据还是生成器生成的假数据则由判别器来负责。

在 GAN 模型里，生成器输入的是噪声，而输出的是它生成的数据；判别器输入的是真实的数据或者生成器生成的数据，输出的是数据真实或虚假的概率。

如果生成器能够骗过判别器，让判别器认为生成器生成的数据是真实的，就表示生成器已经掌握了真实数据的分布规律。如果我们对生成器进一步训练，让它不断迭代，它生成的数据会越来越接近真实。就是这个过程，让GAN技术成为了一种分布学习的技术。

2. GAN技术的应用

（1）图像生成

图像生成是GAN应用中非常经典的一个方面，深度卷积生成对抗网络（Deep Convolutional Generative Adversarial Networks，DCGAN）模型就是一个非常著名的GAN模型。相对于其他技术来说，GAN技术在图像生成方面有很大的突破，它生成的图片质量更高了。而且，GAN在生成多种语义信息存在的图像方面有很大的优势，可以生成人脸、街景、风景、艺术品等。

（2）异常检测

在异常检测领域，GAN技术也有着非常广泛的应用。它的道理非常简单，就是训练一个GAN模型，然后让这个模型生成一些与真实数据十分相似的数据，我们把这些数据当成正常数据。然后我们把待检测的数据截取下一段作为检测数据，把检测数据输入GAN模型中进行对比。如果输入数据和GAN模型产生的数据相似度很低，那么它就是异常数据，如果相似度很高，那么它就不是异常数据。

（3）语音合成

在语音合成领域，GAN技术也有很广泛的应用，特别是在生成语音内容方面，它的表现十分亮眼。当我们将旧的音频内容输入 GAN 的生成器时，它可以通过学习生成新的音频内容。我们将这种生成内容进行随机化的处理，然后就可以得到很多新的音频内容。

（4）虚拟现实

在虚拟现实领域也要用到 GAN 技术。如果我们想要让虚拟现实更接近真实，就要对视觉场景的细节刻画得更细致，而 GAN 就可以让纹理等变得更细致、逼真，使我们获得更好的虚拟现实体验。我们可以把纹理图片的一小块像素输入 GAN 模型，然后它就能够制作出大量相同的内容，通过拼合形成一个宏观的逼真世界。

3. GAN 技术的未来发展

现在，GAN 技术已经在很多领域得到应用了，比如自动文摘、噪声去除、图像转化等。AI 技术迎来了新的发展高潮，GAN 技术在未来也会获得更大的发展。现在的 GAN 技术中的生成器可能会因为一些问题产生不稳定的现象，这使它在具体的应用中会受到一些限制。随着技术的进一步发展，它的稳定性会更强，应用起来会更方便。

在生成图片和音频等方面，GAN 技术的功能会变得更加强大。当它可以完美模拟出现实的场景和现实的声音时，我们在虚拟环境中就会体验到更接近现实的感觉，或许有一天，我们真的无法区分现实和虚拟。那时候，GAN 技术的功能自然是已经强大到相当厉害的程度了。

如果将 GAN 技术中的生成器和其他技术结合起来，其或许能够比我们的思维更强大，进而获得比我们要强大得多的人工智能。这将给人类社会带来巨大的改变，让我们进入从未达到的科技巅峰时代。

语言模型技术

语言模型（Language Model，LM）技术是通过自然语言处理技术来创建计算机语言的数学框架，它对人工智能技术来说是非常重要的。语言模型技术的发展，对我们的语言交流和信息处理都产生了很大的影响，甚至对我们整个社会的生产力，以及我们每个人的生活方式，都有很大的影响。

1. 什么是语言模型

语言模型是自然语言处理领域中的一种技术，它是一种用于计算和评估序列概率的模型。从统计学角度对句子、文本语言等结构性语言数据建立表示模型，并根据这个模型来预测一个序列中下一个可能出现的单词或单元，这是语言模型的主要目的。

语言模型是人类语言行为的反映，也是计算机理解和生成自然语言的管理者。作为自然语言处理中最基本的技术，语言模型的应用非常广泛，它在语音识别、语音合成、机器翻译、智能写作、智能客服和搜索等方面有众多的应用。

2. 语言模型分类

语言模型在自然语言处理中有非常多的形式，不过主要可以分成三种：

（1）基于规则的语言模型

基于规则的语言模型是通过人工编制一系列规则来处理语义、形态和句法进行计算的。这样的语言模型具有高效和准确率高的特点，不过其也存在缺乏通用性，需要人工设定规则，给人带来很大的工作量等缺点。

（2）统计语言模型

统计语言模型通过学习大量的人类语言数据发现这些数据的规律，用这个规律建立语言数据的统计特征并以此预测文本的模型。统计模型建立在概率论的基础上，它能够在处理自然语言复杂的多义性方面表现得更好，并且在联系上下文方面也很出色，不过其也有自然语言处理的领域不够多样性、对数据的依赖性比较高等缺点。

（3）深度学习语言模型

深度学习语言模型是现在比较主流的语言模型，它通过神经网络对模型进行训练。这种模型通过分层架构和相互连接的节点进行学习，可以识别语言的重要特征，并将其分类为句子的语言元素。这样一来，它在预测语句和联系上下文等方面都有更为强大的能力。

3. 语言模型的发展

（1）传统方法的发展

20 世纪 90 年代，N-gram 语言模型被引入统计方法，它的效率很高，扩展性也很好，所以得到了非常广泛的应用。它的核心原理是使用固定数量的词组成一个片段，通过统计文本中出现的词或短语组合来推测接续的情况，就成了统计语言模型的一部分。N-gram 在某些方面表现得非常好，比如处理短文本，处理语音识别中上下文语言难度较低的部分。

（2）深度学习的发展

在深度学习领域，循环神经网络模型经过不断改进之后，解决了训练过程中遇到的梯度消失问题，于是长短期记忆网络模型被提出来。长短期记忆网络模型能够长时间保留输入序列的历史信息以及处理序列中的长距离依赖关系，解决了很多问题。

在机器翻译领域，2003 年神经网络开始出现，2014 年开始在语音识别领域应用。2017 年底，谷歌提出了一个名为 BERT 的语言模型，它能够理解概念、技术和实体之间的关系，可以应用到欺骗性文本识别等领域，很快就受到了人们的认可。

4. 语言模型的重要性

语言模型的基础应用有很多，比如机器翻译、自动文摘、语音识别等。

在智能问答领域中，语言模型能够根据用户所说的话，快速、准确地检索相关信息，给用户提供建议，充当用户的智能机器助理。

在语言教育中，语言模型不仅可以给学生提供语音识别和语言标注，还可以通过多种方式对其实现精细化的分类，比如段落分类、主领域分类。这种分类技术可以帮助学生更好地理解和掌握所学内容，同时为语言教育提供了新的方向和实现方法。

　　随着技术的不断发展，语言模型的应用场景和功能将不断扩展和增强，为人类带来更多的便利和创新。

深度学习算法

　　深度学习算法一般被人们称为深度学习，是一种机器学习技术，其能够让机器更接近真人，变成我们期待的那种非常聪明的人工智能。随着 ChatGPT 概念的火热，深度学习也成了人工智能领域当中非常热门的一个话题。目前，它已经在机器翻译、语音转换、图像分析等众多的领域得到了广泛的应用。

1. 深度学习算法的原理

　　深度学习算法是建立在神经网络基础之上的，它模仿人脑的神经系统来处理任务、学习、识别模式和做出决策。可以说，神经网络模型是深度学习算法的核心。神经网络模型又可以分成多种类型，比如卷积神经网络和循环神经网络等。在神经网络中，数据可以被抽象成一个由节点组成的图形模型。这些节点我们叫它神经元，每个神经元接收来自输入节点和其他神经元的信息，再将这些信息进行加权处理，并推到输出层来完成任务。

深度学习算法的实现过程可以分为四个主要阶段：前向传播、误差反向传播、更新权重和重复训练。在前向传播的过程，数据从输入层开始，逐层传递到输出层，并在此过程中完成计算，输出结果。然后，在误差反向传播时，误差从输出层开始向后传播，神经网络不断调整权重，直到误差最小化。接下来，在更新权重的阶段，使用优化算法优化网络的权重，提高其准确度。最后，在重复训练阶段，通过重复进行学习和改进，使算法变得更强。

2. 深度学习算法的应用

（1）图像处理

卷积神经网络是深度学习算法最常用于图像处理的模型之一。卷积神经网络可以从原始数据中提取特征，就像人类视觉系统对物体的检测。因为卷积神经网络的精度很高，效率也很高，所以它现在已经在人脸识别、自动驾驶、视频分类等方面得到了广泛的应用。

（2）语音转换

循环神经网络是在语音转换方面应用非常多的一个模型。循环神经网络可以处理时序数据，并根据上一步的输出预测下一步的输出。它可以把开发人员的讲话转换成多个不同的音高、音色和速度的语音。这项技术的应用也非常广泛，包括语音合成、语音识别、音频信号分析和语音设备定位等领域。

（3）自然语言处理

在自然语言处理方面，深度学习算法的应用非常重要，它让 AI 自然语言处理变得非常强大。在很多的自然语言处理应用当中，比如机器翻译、自然语言生成和情感分析等，循环神经网络和长短期记忆网络模型是非常流行的模型。

3. 深度学习算法的优势和不足

（1）优势

①提高准确率：深度学习算法具有高效率和高精度的特点，对于提高准确率有很重要的作用，其在众多应用场景中都有非常好的表现。

②提高适应性：深度学习算法提高了系统的适应性，这样就能够在应用中更加方便。同时它的稳定性也很好，能适应各种的环境，不会轻易出问题。

③处理复杂数据：深度学习算法可以处理包括图像、文本和声音等多种复杂数据类型的系统，其强大的能力让它有更广阔的应用空间。

（2）不足

①需要大量的数据：深度学习算法虽然强大，但其同样需要大量的数据。数据增加的同时让成本变得更高。而对于一些缺乏大数据的领域，它的应用会受到一定的限制。

②模型复杂性：深度学习算法涉及很多参数，比如网络结构、损失函数和优化算法等。对于参数的选择需要专业和严谨的态度，也需要一定的

技术，以保证数据足够且不能过度使用数据以加重工作量。

③容易受到干扰：深度学习算法对处理数据的质量和稳定性要求很高，如果环境条件比较恶劣，比如噪声特别大等，就可能会出现结果不准确的情况，从而影响使用。

通过对神经网络的不断优化，深度学习算法能够自动发现很多隐藏的特征，并在复杂的数据集上进行有效的分类和预测。现在深度学习算法的应用已经十分广泛，涵盖了图像处理、语音识别、自然语言处理、数据挖掘和分析等各种应用场景。随着硬件性能的提高和算法的进一步改进，深度学习算法的未来前景广阔，它将引领人工智能技术的发展，并改变我们未来的世界。

Transformer模型

Transformer 是一种深度学习模型，主要用于自然语言处理方面，它是一种基于注意力机制的序列到序列的模型。

2017 年，谷歌发布了 Transformer，并用它来做机器翻译的工作。Transformer 的出现对自然语言处理领域产生了巨大的影响，其后出现的几乎所有的自然语言处理当中都有它的影子。

1. Transformer 模型出现的背景

在自然语言处理领域，序列到序列转化的任务可以说是非常基础的任务，很多任务都可以看成序列到序列的转化。简单举个例子，机器翻译任务就是将一个源语言的句子翻译成一个目标语言的句子。

传统的序列到序列模型由编码器和解码器两部分组成，其中编码器将输入句子编码成一个固定长度的向量，然后解码器在此向量的基础上生成目标语言的翻译。不过有一个问题是令人感到困扰的，就是它只能用一个固定长度向量来表示整个句子，这就使它在长句子和长文本中的一些表现并不理想。

为了解决这样的问题，谷歌提出了全新的序列到序列模型——Transformer。Transformer 采用了注意力机制，和传统的循环神经网络或门控循环单元不同，它没有辜负人们的期望，在很多问题的表现中都更为优秀。

2. Transformer 模型的架构

在输入句子之后，Transformer 会对其分别进行多个编码层和多个解码层的处理，然后把最终的输出合并到一起。每个层都是在自注意力机制和前向神经网络的基础之上构成的，我们可以自由设置这些层的数量。

输入经过若干个编码层的处理后，就可以得到一个最终的编码向量。有了这个编码向量，就能够生成目标语言的翻译结果。同时，目标语言的输出在经过若干个解码层的处理后也得到了最终的输出。

3. Transformer 的核心

（1）自注意力机制

自注意力机制（Self-Attention）是 Transformer 的核心，它能够把不同位置的信息结合起来。

在自注意力机制中，先计算每个词向量与其他所有词向量的相似度，再用 softmax 函数得到每个词向量的权重，最后将所有词向量加权求和。于是，每个词向量都能够和全局的信息融合。在实现融合时，可以使用多头注意力机制（Multi-Head Attention）来增加模型的表达能力，同时可以用残差连接（Residual Connection）和层归一化（Layer Normalization）来加速梯度的传递，更快地训练模型。

基于自注意力机制的功能，Transformer 能迅速从一组词里将重点内容找出来，从而更好地理解整体的内容，而不是抓不住重点，迷失在众多信息当中。

这就好比我们读了很多书，如果不去对书中的内容进行提炼，我们的脑袋里可能就是"一团浆糊"。而当我们提炼出主要信息，抓住了重点后，我们就能够对知识轻松记忆，并且还能拿出来运用，真正掌握那些知识。

自注意力机制的具体运作过程是这样的：

①用一个线性变换将每个单词转换成向量。

②将输入的向量分别与多个查询向量相乘，形成一组注意力得分。

③对得分进行归一化，然后将它们相乘，得到每个输入向量的加权和。

这个和可以看成最终的注意力输出。

自注意力机制在处理长序列时训练效果更好，这是自注意力机制的显著优势。有了这个优势之后，传统的循环神经网络或门控循环单元都不是它的对手。也正因如此，人们很快就接受并认可了 Transformer，并在很多语言处理的软件当中开始使用 Transformer 模型。

（2）位置编码

位置编码（Positional Encoding）是 Transformer 的另一个核心，其通过给词向量添加位置信息，确认其语义和位置的关系。位置编码会给每个位置分配一个向量，这个向量是通过位置和维度计算得出的。因为 Transformer 根本不使用循环或卷积操作，所以我们也可以把位置编码看成用来替代引入序列位置信息的方法。

4. Transformer 的应用

在机器翻译方面，Transformer 有十分广泛的应用，除此之外，它还能够用在文本摘要、情感分析、语音识别、问答系统等众多领域。在很多自然语言处理当中，Transformer 是被广泛采用的模型。

Transformer 的表现总是令人满意的。在提炼文本内容时，它能够做出更好的文本摘要。在情感分析当中，它可以分析得很有道理。在语音识别方面，它也有非常不错的表现。在问答过程中，它能够像人一样将上下文的内容联系起来，而不是只回答当前的问题。

Transformer 在自然语言处理领域的具体应用有很多，比如 BERT、

GPT-2 等，都是在 Transformer 基础上建立的语言模型，而且它们的表现都很好，能够满足人们对这方面的任务需求。

现在 Transformer 已经成为自然语言处理领域的重要模型，而它的出现给自然语言处理领域的发展带来了新的机遇和挑战。随着技术的进一步发展，Transformer 也会有更大的应用空间，在将来也会带给我们更多的惊喜。

GPT架构

ChatGPT 建立在 GPT 的技术之上，GPT 架构在人工智能领域的应用十分广泛，是非常强大的模型架构。特别是在语言处理领域中，它可以说是创造了一个令人感到惊叹的成就，得到了绝大多数人的认可。早在 2018 年，OpenAI 公司就已经提出了 GPT 的架构，GPT-1、GPT-2、GPT-3 和 GPT-4 都是在 GPT 的架构上发展出来的。

1. GPT 架构的定义

GPT 是一种基于自监督学习的语言模型，能够对下一个单词或句子进行预测。正因如此，GPT 能够对预言语言数据的结构和规律进行学习，然后应用到各种自然语言处理的应用当中，包括文本分类、语言翻译、文本摘要、语音识别等。

对于 GPT 架构来说，预训练过程是十分重要的，它能够让 GPT 学会更多的语义和语法规则。这样一来，GPT 就能够对更多的情况进行适应，变得更加强大。当然，其还要有一个微调的过程，该过程使 GPT 在解决问题时更精准。

Transformer 模型是 GPT 的基础，GPT 之所以能够在翻译当中表现优秀，和 Transformer 模型有重要关系。Transformer 模型使用了一种自注意力机制来完成序列到序列的翻译任务，这种新的机制在翻译时表现得非常好。在 Transformer 模型的基础上，GPT 模型又变得更加强大，不但在自监督学习和语言模型预测方面更强，而且在其他方面有了不小的提升。

2. GPT 架构的应用

（1）语言生成

GPT 有一个方面的强大是有目共睹的，那就是语言生成。通过对大量的自然语言数据的学习，GPT 完成了它的预训练，在这个基础上具备了一定的推理能力，就像从学校毕业的人一样，变得聪明起来了。此时，我们再给它一个初始文本，它就能够以此为基础，自己生成新的文本。这种能力使 GPT 不仅能够进行写作，还可以作为智能客服机器人出现在用户面前，并且获得和人工客服极为相似的效果。

（2）文本分类

当有大量的文本需要处理时，如果使用人工，就需要花费很多的人力。

GPT可以在文本分类任务中大显身手，取得更快更好的效果，让很多人力得到解放。GPT在很多方面都有十分优秀的表现，比如在IMDB评论数据集、Yelp评论数据集和AG新闻数据集等的分类当中。以往的机器取代的是人的体力劳动，现在的很多脑力劳动也要被取代了，人们将会在今后的工作中更加轻松。

（3）语言翻译

不少领域对于翻译是有需求的，而GPT在语言翻译任务中表现得也很出色。虽然它可能不如一些专业的翻译模型，但是它的应用更加广泛，使用起来也很方便，具有自己独特的优势。

（4）文本摘要

我们想要了解篇幅比较长的文字时，要抓住重点。GPT能够将文字中的重点摘录出来并自动生成文本摘要，节约我们的阅读时间。这是一种非常好的能力，方便现代人快速阅读，让碎片化的时间能够得到更大限度的利用。

3. GPT架构的优势和不足

（1）优势

①在生成新样本和匹配真实样本方面GPT架构的生成器和判别器都非常强大，表现也可圈可点。

②GPT是一种模块化架构，因此可以对模块进行组合，使其可以非常灵活，能够在不同的任务中重复使用。

③相比微调过程，GPT 的预训练更为先进，它能够更快让我们获得学习的效果，无论是其学习速度还是其最终的表现，都更上一层楼。

（2）不足

① GPT 虽然强大，但它需要的数据量也十分庞大，而这使它的成本也变得非常巨大。

②对于使用频率高的词语，GPT 的理解比较好，而对于使用频率低的词语，GPT 的理解就有点不够了。

③尽管 GPT 具备生成文本的能力，但和人类相比，它还是缺乏创新性的，因此在某些需要创新的领域当中，它的表现并没有那么令人满意，还有不小的进步空间。

4. 未来展望

在 ChatGPT 问世以后，人们都意识到了 GPT 的强大，在自然语言处理领域纷纷使用 GPT 架构。随着时间的推移，GPT 的模型架构会应用到越来越多的场景当中。GPT-3 和 GPT-4 的功能都比之前的 GPT 有极大的提升，而将来的 GPT 模型会有更大的提升，带给我们更多和更大的震撼。

（1）语言多样性

尽管 GPT 能够很好地处理语言，但其在语言的多样性方面受制于数据库中数据量的影响，还需要进一步提高。当 GPT 能够对全世界绝大多数语言进行处理时，它就能惠及更多的人了。

（2）计算效率

现在对 GPT 进行训练需要庞大的数据量，也需要消耗很多能源。如果能够提升 GPT 的计算效率，让它能从更少的数据当中获取内容，并且消耗的能源更少、计算速度更快，就更好了。

（3）情感识别

GPT 在情感分析和情感识别领域已经有不错的表现，如果它能够在这些领域表现得更好，那么它就能够更像一个活生生的人，而不是冰冷的机器。

毫无疑问，GPT 架构是一种对自然语言处理领域产生深远影响的模型架构。无论是生成性能方面，还是具体任务中的表现，GPT 都没有令人感到失望。

虽然现在的 GPT 还没有完全令人满意，但它所表现出来的强大已经令人感到十分欣喜了。随着 GPT 技术的进一步发展，它能够使自然语言处理技术变得越来越强大，那时，人机交互会变得更轻松，我们在自然语言处理方面的工作也会变得更简单。

第三章
ChatGPT的应用场景

　　普通人不是科研人员，对于新技术最直观的体验和感受还是它的应用。ChatGPT 的应用场景非常多，我们应该详细了解一下，让它为我们所用。

智能问答系统

智能问答系统（Intelligent Question Answering System, IQAS）是一种建立在人工智能技术基础之上的智能对话系统，其可以分为以下三种类型，见图3-1。

问答型	**任务型**	**闲聊型**
用户希望得到某个问题的答案，机器人的回复来自特定的知识库，以特定的回复回答用户。	用户希望完成特定任务，机器人通过语义帮用户完成指定任务。	用户没有明确目的，机器人回复也没有标准答案，以趣味性的回复回答用户。
👤 请问包邮吗？ 🤖 全场满99包邮哦~ 👤 我身高180cm、体重65kg，穿多大码合适呢？ 🤖 建议选择XL码。 👤 多久可以发货？ 🤖 本店承诺24小时内发货哦！	👤 你好，请帮我订一张北京到上海的机票。 🤖 请问哪天出发呢？ 👤 明天吧！ 🤖 已为您查到明天北京到上海的航班，最低价为506元，<u>点击查看详细列表</u>。 👤 好，谢谢！	👤 我好无聊呀！ 🤖 我陪你聊聊天吧！ 👤 你是真人吗？ 🤖 我是机器人呀，但是可不要小瞧我哦！ 👤 水瓶座今天的运势如何？ 🤖 今天会感受到家庭的温暖，事业运也很旺哦！

图 3-1　智能问答系统

近年来，随着自然语言处理技术的不断发展，越来越多的公司和组织采用智能问答系统，以提高效率和准确性。特别是在 ChatGPT 出现之后，建立在 GPT 技术基础之上的 AI 层出不穷，而 ChatGPT 也成为一种智能问答系统中受到青睐的技术而被广泛应用。

智能问答系统作为目前人工智能领域比较成熟的应用之一，其应用场景非常多。比如，搜索引擎、智能客服、智能助手等。现在，人们对智能问答系统越来越依赖，对其性能和使用效果的要求也越来越高。在这种背景下，ChatGPT 的出现成为智能问答系统创新的驱动力。

1. ChatGPT 在智能问答系统中的应用场景

智能问答系统是对自然语言进行理解和回答的系统，其主要应用场景包括企业智能客服、搜索引擎、智能家居和其他智能应用。在这些应用场景中，用户提出自然语言问题，系统会对问题进行分析和处理，并最终返回一个满足用户需求的答案。因此，智能问答系统需要自然语言处理技术的大量支持。

ChatGPT 作为预训练的自然语言处理模型，可用于生成高质量的自然语言。ChatGPT 不仅可以生成文本，还可以生成对话，因此在智能问答系统中有着广泛的应用场景。例如，在搜索引擎中，ChatGPT 可以用于给出搜索结果的摘要和相关建议，解决用户提出的问题。在智能家居中，ChatGPT 可以用于控制设备、提供指导和建议，从而实现家居智能化。

（1）在知识检索系统中的应用

知识检索系统利用搜索引擎，将用户输入的问题与数据库中的信息进行匹配，然后返回与问题最相关的答案。对于知识检索系统来说，关键是针对问题选取合适的答案文本，而 ChatGPT 模型可以正确地生成语言序列，这样，在很多情况下，我们就能够用 ChatGPT 模型将答案文本转化为人类易于理解的自然语言，从而提高用户体验感。此外，基于预训练的 ChatGPT 模型可以快速生成自然语言文本，大大提高了知识检索的效率和准确性。

（2）在智能客服系统中的应用

ChatGPT 模型作为一种有效的自然语言生成工具，可以帮助智能客服系统更好地解决用户问题。例如，当用户提供一个含糊不清或不完整的问题时，ChatGPT 模型可以自动生成一个更完整、更精确的问题，让用户确认或补充。另外，当用户提交一个问题时，ChatGPT 模型可以根据已经建立的知识库，自动生成最相关的答案，从而为用户提供更快速、更准确的服务。

（3）在语音助手中的应用

ChatGPT 模型可以帮助语音助手更好地理解用户的问题，从而提供更加个性化、更加智能化的回答。例如，当用户询问某一个问题时，ChatGPT 模型可以根据用户的历史查询记录，自动生成一个最准确的回答。另外，ChatGPT 模型还可以根据用户的语气和情绪，自动生成不同的回答，从而提高用户体验感。

2. ChatGPT 在智能问答系统中的优势

ChatGPT 在智能问答系统中的优势主要体现在以下三个方面：

（1）自然语言生成能力强

ChatGPT 作为一个基于 Transformer 架构的预训练模型，在自然语言生成方面有着突出的表现。ChatGPT 的生成模式是基于无监督学习的，训练数据来自大规模的自然语言语料库。因此，ChatGPT 可以自动生成高质量的、流畅的文本和对话。在智能问答系统中，这种能力可以用于自动生成答案和建议，大大提高了系统的效率和准确性。

（2）适应性强

ChatGPT 的预训练模型已经包含了大量的自然语言数据和知识，可以直接用于各种自然语言处理任务。在智能问答系统中，系统可以根据用户提问的语义和语境，快速自动调整 ChatGPT 的应对方式。ChatGPT 也可以根据实际使用情况不断地进行微调，提高系统的精度和效率。

（3）人性化交互体验

ChatGPT 生成的自然语言文本和对话具有流畅、准确和自然的特点，可以为用户提供更好的体验。在智能问答系统中，ChatGPT 生成的文本和对话与人类对话非常相似，用户可以更加自然地与系统交互，从而提高用户的满意度和忠诚度。此外，ChatGPT 还可以理解和应对复杂场景下的用户问题，例如情感、语气等方面，可以更精确地回答用户的问题。

3. ChatGPT 在智能问答系统中的挑战

虽然 ChatGPT 在智能问答系统中具有很大的优势，但是其在使用过程中也面临着一些挑战。下面详细介绍其中的一些挑战。

（1）数据安全和隐私问题

智能问答系统涉及用户隐私，所以用户对数据的安全问题很敏感。ChatGPT 需要使用大量的训练数据，这些训练数据有可能包含一些用户的隐私信息，例如个人姓名、地址、电话号码等。因此，ChatGPT 应该考虑用户隐私问题，并采用一些数据脱敏和保护技术，确保用户数据的安全和保密。

（2）抽象问题的处理和识别

用户可能提出一些抽象的问题，比如"幸福是什么"，这些问题的答案比较主观和特殊，很难给出一个标准的答案。ChatGPT 在处理这种抽象问题时需要特别注意，可以采用一些先进的自然语言处理技术，例如构建一个广泛的知识图谱和使用机器学习算法。

（3）单一命中率和准确率问题

智能问答系统需要在一个固定范围内返回一个准确的答案，因此系统需要集成搜索引擎来得到一个更全面的答案。此外，智能问答系统的准确率也需要保证。而调整 ChatGPT 模型的一些参数或继续训练来提高其准确性是保证准确率的一种方法。

ChatGPT 在智能问答系统中有着广泛的应用场景和优势，可用于自动应答、回复用户、搜索结果的摘要和建议等，从而大大提高系统的效率和准确性。但同时，ChatGPT 的使用面临着一些挑战，需要采用一些先进的自然语言处理技术、数据脱敏和保护技术加以解决。相信在未来，随着自然语言处理技术的不断发展，ChatGPT 在智能问答系统中的应用前景会更加广阔。

教育领域

随着人工智能技术的不断发展，ChatGPT 作为人工智能领域中的重要模型，已经在多个领域得到了应用。其中，在教育领域，ChatGPT 也有着广泛的应用前景，并且已经在一些场景中得到了初步的应用。

1. ChatGPT 在教育领域的应用场景

（1）智能教学助手

随着在线教育的快速发展，越来越多的人选择在网上学习。然而，在线教育并不意味着学习的过程得到了自动化处理，学生还是需要学习和掌握相关知识。这时候，智能教学助手就能派上用场了。

智能教学助手能够根据学生的学习情况，提供个性化的学习建议，并回答学生的问题。ChatGPT 作为一种先进的对话系统，可以与学生进行自然语言交互，从而更好地理解学生的需求和问题。同时，它还能够根据学生的学习计划和进度，提供贴心的提醒和建议，帮助学生更好地完成学习任务。

（2）在线答疑系统

学生在学习中，难免会遇到一些问题或存在疑问。如果能够及时得到解答，不仅能够让学生更好地理解知识点，还可以提高学生的学习效率和兴趣。而在传统的教学方式下，学生需要等待老师或同学回答问题，这可能会耗费很长时间。而有了ChatGPT，学生可以通过智能对话系统随时随地和机器人交互，及时得到答案。

ChatGPT可以借助海量的知识库，在学生提出问题后，立即给出准确的答案，并且可以进行深度解析。此外，ChatGPT还能够根据学生的提问方式，对其进行智能识别和分类，从而更好地满足学生的学习需求。

（3）口语交流训练

口语交流是学外语的一个重要方面，但是学习者与教师的时间和空间往往不充足，难以提供足够的交流机会。为了解决这个问题，一些在线教育平台开始使用ChatGPT作为口语交流的训练工具。

ChatGPT可以模拟真实的口语对话场景，让学生通过对话练习发音，从而提高口语表达能力。通过与ChatGPT进行口语交流训练，学生可以得到及时的反馈和建议，从而更好地理解和掌握外语知识。

（4）职场应用技能培训

在职场环境中，某些新兴技术的应用不断涌现，使员工的培训和学习任务显得更加紧迫和重要。然而，由于课程内容和企业需求的多样性，传统的培训方式往往无法满足企业的需求。

ChatGPT可以作为一种灵活的、自适应的培训工具，帮助企业更好地培训员工。ChatGPT可以根据企业员工的职位和需求提供个性化的培训计划，并且根据员工学习进度进行动态调整。同时，ChatGPT 还能够对员工的学习成果进行智能监控和评估，从而帮助企业更好地了解员工的培训效果。

（5）智能客服培训

随着人工客服被越来越多地应用于服务行业，智能客服技术的发展也越来越重要。然而，智能客服需要训练和优化的因素较多，难以用传统的培训方式进行处理。

在这个方面，ChatGPT 可以作为一种先进的智能客服培训工具，对客服机器人进行智能调整和优化。ChatGPT 可以根据客服机器人的工作情况和用户反馈，提供针对性的建议和培训计划，并且动态优化训练内容。同时，在线培训还能够提供全天候的工作支持和技术保障，确保客服机器人能够正常运行和服务用户。

2. ChatGPT 应用于教育领域的挑战

（1）数据处理和学习效果监测

ChatGPT 在应用于教育领域时，需要大量的数据和信息来支持其机器学习模型的训练和学习。同时，学习效果的监测也需要通过数据处理和分析来实现。因此，如何处理和分析数据成为 ChatGPT 在应用过程中需要解决的难题。

（2）用户体验和数据安全

在教育领域，由于用户更多地关注服务的质量和安全性，ChatGPT 的应用也需要满足这些要求。因此，如何保证用户体验和数据安全，成为

ChatGPT 需要重点研究和探索的领域。

随着技术不断发展，ChatGPT 在教育领域的前景越来越广阔。未来，ChatGPT 可以在更多的应用场景中得到广泛的应用，从而帮助用户更好地学习和提高技能。同时，我们也期待 ChatGPT 可以在处理数据和保障用户体验方面不断得到改进和完善，为智能教育提供更加先进和完美的技术支持。

娱乐领域

随着人们对娱乐的需求越来越高，一些智能机器人自然也会进入这个市场。其中，ChatGPT 是一项极其优秀的人工智能技术。ChatGPT 可以实现自然语言的对话，人们可以通过对话来获得娱乐感。除了社交，ChatGPT 在娱乐领域也有着广泛的应用场景。

ChatGPT 在娱乐领域的应用场景如下：

1. 内容推荐

娱乐公司可以利用 ChatGPT 向粉丝推荐最合适的娱乐内容。ChatGPT 可以分析用户的兴趣爱好，为其推送其最感兴趣的内容，从而提升用户忠诚度。

2. 音乐推荐

ChatGPT 可以对用户的音乐偏好进行分析，并向用户推荐最适合他们的音乐类型。ChatGPT 可以了解用户对不同类型歌曲的听取频率以及他们更喜欢哪种风格的音乐。这些数据分析可以为用户提供更好的音乐体验，同时为音乐公司提供更好的市场优化建议。

3. 新闻资讯获取

人们在娱乐的同时，也需要及时了解新闻和资讯信息。ChatGPT 在这一方面非常适合。通过向 ChatGPT 提出问题，娱乐爱好者可以获取最新的娱乐新闻和资讯，提升自己的娱乐和时尚审美。

4. 游戏体验的改善

①游戏角色扮演。ChatGPT 技术可以应用于游戏角色扮演，让玩家能够与虚拟人物进行交互。虚拟人物可以自动适应玩家的对话内容，并根据玩家的个性和交互情况做出不同的反应。ChatGPT 的应用能够提高游戏的互动性，而玩家能够更好地体验游戏。

②游戏智能助手。ChatGPT 在游戏中可以协助玩家过关。当玩家在某个关卡遇到困难或对某个游戏操作不懂时，可以与 ChatGPT 交流，在 ChatGPT 的帮助下顺利过关或掌握更好的游戏技巧。因此，玩家不仅能够更顺畅地进行游戏，还能够在游戏中得到更好的游戏体验。

ChatGPT 在娱乐领域中的应用场景非常广泛。通过应用 ChatGPT 这样的人工智能技术，娱乐公司不仅可以提高用户体验，还可以提高其市场竞争力和利润水平。

医疗健康领域

医疗和健康领域是 ChatGPT 的一大应用场景。在医疗健康领域，医疗 Chatbot 可以为医务人员和病患提供服务，改善医疗服务效率和质量。

ChatGPT 在医疗健康领域的应用场景非常多，我们来具体看一下。

1. 医生助手

ChatGPT 在医生助手领域的应用可以帮助医务人员提高诊疗效率，解决人力不足等问题。医生可以通过 Chatbot 查询相关病历信息、咨询具体诊疗方案，回答患者提出的常见问题等。此外，Chatbot 在数据管理和智能分析方面具有技术优势，因此可以大大简化入院手续、排队等流程，减轻医务人员的压力。

在具体实现上，可以将已知的患者的病情数据输入 Chatbot 进行训练，使其将这些信息转化为自然语言。当医生需要查询相关信息时，只需向 Chatbot 发出相应指令，Chatbot 便可快速回复。此外，Chatbot 还可根据不同的医疗标准和规范进行自动化的诊断，并推荐合适的治疗方案，从而进一步提高医疗效率和质量。

2. 医院智能客服

ChatGPT 在智能客服领域的应用可以帮助医院或诊所提高服务质量，快速响应患者需求。具体来说，Chatbot 可以承担咨询预约、药品配送、查询检查报告等方面的工作，大大缩短患者需要等待的时间，减轻医院客服工作量。

具体的实现需要 Chatbot 通过对业务的分析，训练对话问答模型和维护数据库。通过分析已有的患者交互数据，Chatbot 可以快速确定患者的健康情况，以便其更好地回答问题，及时满足患者的健康需求。

3. 健康咨询

ChatGPT 在健康咨询领域的应用可以帮助患者快速获得专业的咨询服务。Chatbot 可以为患者提供关于健康、营养、运动等方面的信息，开展健康咨询、指导患者进行自我监护和康复行为，加强患者自我管理，提升患者的健康水平和品质。

我们可以将常见的健康问题及其解决方案输入 Chatbot，并利用 Chatbot 进行训练，使其掌握更多健康咨询的知识。当患者与 Chatbot 对话时，Chatbot 可以准确地回答用户提出的问题，并以亲和的方式向患者传递信息，进一步提升患者满意度。

4. 心理治疗

ChatGPT 可以应用于心理治疗场景，帮助患者解决情感问题。通过聊天对话，ChatGPT 可以了解患者的心理状态，并向其提供心理咨询、辅导和治疗建议。在一些情况下，ChatGPT甚至可以代替人类心理医生与患者对话，让更多的患者获得心理治疗。

5.药品管理

ChatGPT可以帮助患者管理药品，提醒患者按照药品的使用方法进行用药。患者可以与ChatGPT对话，了解药品的信息、常见的副作用和适应症状，帮助患者更好地用药。

ChatGPT在医疗健康领域有着广泛的应用前景，可以提高诊疗效率和精度，为患者提供更好的健康服务。此外，ChatGPT还可以整合社交媒体、基于自然语言的搜索引擎等相关技术，构建一个多功能的智能健康平台，为患者打造智能、高效、完善的健康服务体系。

金融领域

人工智能技术其实已经发展了很多年了，ChatGPT的出现更是激活了这个领域，使越来越多的行业开始运用这种技术来提高效率、降低成本以及改善客户体验。金融领域作为现代经济的重要组成部分，其复杂性和高度的安全性要求让其成为人工智能技术应用的热门领域之一。

ChatGPT模型作为自然语言处理技术的代表，相比传统的金融服务，在客户交互体验、风险分析、自动化决策等方面有了很大的改进。ChatGPT 的出现也为金融领域带来了更智能、更高效的解决方案。

1. 客户服务

金融机构经营着许多客户账户，这些账户需要提供账户信息、财务记录以及投资组合数据等各方面的信息。传统的客户服务通常需要人们拨打电话或通过邮件发送消息与客户代表进行交流。这种方式存在着交流不及时、信息传递不准确、客户代表疏漏等问题，人们往往对这些体验感到不满意。而引入 ChatGPT 技术后，客户可以直接在专门的客户端上进行聊天，进行更为及时和准确的沟通交流。首先，由于 ChatGPT 的信息处理速度比人类快得多，金融机构可以为客户提供更快、更便捷的服务，更好地满足客户的需求。因此，ChatGPT 可以在金融机构网站上提供 24 小时在线客户服务，帮助客户快速解决问题。其次，ChatGPT 可以使用机器学习技术，逐渐提高对各种客户问题解答的准确度。最后，ChatGPT 能够提高客户账户信息的安全程度，减少人为泄露的可能。

2. 数据处理

ChatGPT 可以用于自然语言处理，使金融机构可以通过对客户的聊天记录、社交媒体帖子和其他文本数据的分析，更好地理解客户情绪和需求。

当然，ChatGPT 的数据分析能力还可以在贷款审核、风险管理等方面为金融机构提供帮助。金融机构需要评估贷款申请人的信用状况、借款能力以及偿还能力等，以确定是否批准贷款。人工评估的过程通常需要耗费大量的时间和精力，而 ChatGPT 可以对贷款申请人的材料进行深度学习，并提供清晰且准确的信息和数据分析，帮助金融机构快速且准确地评估贷款申请人的情况。

3. 自动化决策

与传统的人工决策相比，ChatGPT 可以帮助投资者更快、更精确地做出投资决策。ChatGPT 模型能够分析市场趋势和经济数据，并根据市场情况提供有用的信息，以协助人们做出最佳的决策。此外，ChatGPT 还可以利用部分简化的电子信贷申请流程识别借款人的身份验证信息，并使用专门的算法计算借款额度等关键决策因素。

具体到保险服务，ChatGPT 可以有以下应用：

1. 协助理赔

保险公司在向客户提供理赔服务时，往往需要多次网络上的消息交流，以了解客户的个人和报险信息。ChatGPT 可以简化这个过程，提供业务自动化助手。这些自动化助手能够像人类一样解释保险政策、规定，审核并提交理赔申请。它可以减少人为纰漏，缩短客户等待时间。

2. 提供信息

保险经纪需要了解市场价格趋势、针对个人或企业的各种保险政策等。ChatGPT 通过对保险数据和市场趋势信息的整合和分析，能够为保险经纪人员提供相关的保险政策和价格建议，而这可以帮助保险经纪人员更快地接近客户，并为客户提供更为准确、更贴合客户需求的保险服务。

3. 资料处理

保险公司往往需要对大量的投保人资料进行登记、维护和处理。然而，纯粹手工处理这些信息需要耗费大量的时间和劳动力。ChatGPT 能在较短的时间内完成传统的数据处理任务。只需输入大量文档、图像等，ChatGPT 就能正确地将关键信息提取出来，从而方便保险公司进行后续的信息分析和处理。

ChatGPT 技术在金融领域有广泛的应用。这些技术可以帮助金融机构更好地与客户进行交互、提高数据分析和决策效率并减少人的参与，从而提高运营效率。当然 ChatGPT 技术的推广、应用，还需要继续深入优化，更好地实现自动化技术助手的建设，也需要随着技术的推进，不断加强数据管理方面的安全保障措施，以保证数据安全、保密和可靠。

ChatGPT 可以为金融机构带来高质量的客户服务、大规模数据处理和自动化保险理赔审核等优秀服务。未来，ChatGPT 的发展远远不止这些，其将为金融领域带来更多的机会和好处。

其他应用领域

ChatGPT 非常强大，它能够应用的领域自然是多种多样的，除了前面提到的领域，ChatGPT 还有很多其他的应用领域。

1. 零售行业

ChatGPT 在零售业中的应用场景可以是自动化客户服务。零售商可以在其网站或应用程序中嵌入 ChatGPT，使消费者可以通过聊天界面进行下单、查询库存、物流信息等操作，从而增强消费者的购物体验。此外，ChatGPT 还可以分析消费者的购物偏好，以便未来向消费者提供更精准的产品推荐等服务。

2. 旅游行业

ChatGPT 在旅游行业中的应用场景可以是自动化客户服务。旅游公司可以在其网站或应用程序中嵌入 ChatGPT，使消费者可以通过聊天界面咨询有关旅游路线、机票，酒店或特别活动信息等问题，以及提出服务投诉和建议等。ChatGPT 可以分析消费者对旅游产品和服务的需求，帮助旅游公司提供更加符合消费者需求的服务。

3. 人力资源行业

ChatGPT 在人力资源行业中的应用场景可以是自动化招聘。人力资源部门可以在其招聘网站上嵌入 ChatGPT，以回答求职者的问题、深入了解其背景和拥有的技能等。ChatGPT 可以分析候选人的职业偏好、兴趣和个人能力，从而帮助人力资源部门更好地评估和招聘人才。

4. 电子商务

在电子商务领域中，ChatGPT 可以被应用于智能客服领域。在消费者遇到问题时，ChatGPT 可以提供帮助，并为他们提供个性化的建议和优惠。通过与 ChatGPT 的交互，消费者可以获得更加个性化的服务，从而提高他们的购物体验，并增加电商的销售额。

5. 物流运输

ChatGPT 在物流运输中可以被用来跟踪物品的物流状态。它可以通过发送实时更新和文本提醒，帮助客户更好地管理物流运输。此外，在货运管理中，ChatGPT 还可以预测从仓库到目的地的时间以及货物可能会遇到的障碍。

6. 营销

ChatGPT 在营销中也可以有很好的应用。它可以与客户深度互动，了解他们的偏好，从而更好地为他们推荐相关产品或服务。同时，ChatGPT 还可以自主地推出个性化、定向的广告。此外，在营销投诉中，ChatGPT 可以处理消费者的投诉，为客户提供解决方案。

在各行各业中，ChatGPT 的应用不仅能够有效地节省时间和成本，还可以提高客户的满意度和忠诚度。ChatGPT 可以让各种场景中的交互服务更加智能，让人有一种强烈的科技感，改善用户的体验。随着技术的进一步发展和升级，ChatGPT 将继续在各个行业探索更多的应用场景，为企业和消费者带来更多的好处和便利。

第四章
我们能用ChatGPT做些什么

　　一切科技成果的创新，最终都是为了实际应用，都是为了让人们的生活变得更加美好。ChatGPT犹如春天最引人瞩目的一缕光，照亮了人们的生产生活，给整个社会的发展注入了新的活力。

智能搜索

随着互联网的不断更迭，智能搜索领域先后经历了两次重大变革：

第一次变革，主要是解决用户信息查找问题，我们将这个时代称为"搜索 1.0 时代"。当时，雅虎作为先驱者成为智能搜索领域的主角。

第二次变革，是在网站引入 AI 与处罚算法之后，我们将这个时代称为"搜索 2.0 时代"。但即便已经历经两次变革，搜索引擎依然处于搜寻信息阶段。而且，此时的搜索引擎人们在搜索时会跳出垃圾页面和虚假信息，极大地影响了用户的使用。

如今，ChatGPT 的出现再次为搜索引擎的发展带来一场巨大的变革。ChatGPT 在寻找答案、解决问题的效率上已经部分超越了当前我们正在使用的搜索引擎。

比如，面对开放式问题，ChatGPT 可以将网络中现有的数据进行整合，然后生成较完整的答案；在处理知识类以及创意类问题的时候，ChatGPT 给用户提供的搜索体验要远胜于目前我们使用的搜索引擎。

ChatGPT 的问世为"搜索 3.0 时代"拉开了序幕。ChatGPT 对搜索引擎的优化主要体现在：

1. 关键词分析

ChatGPT 技术可以对用户输入的关键词进行分析和理解，然后确定最符合用户搜索意图的关键词。有了 ChatGPT 技术的支撑，搜索引擎仿佛被拟人化了一般，具有了更好地判断人类搜索意图的能力。这一点是人们所喜闻乐见的。

2. 内容优化

ChatGPT 技术可以对检索的内容进行优化，比如对搜索结果中的标题、描述、图片等进行优化，这样用户就可以获得更高质量的搜索结果。这比以往的搜索引擎给人们带来的搜索体验效果更佳。

3. 数据分析

ChatGPT 本身就是由大规模数据"喂养"的产物，所以我们可以理解为它自带数据属性。利用 ChatGPT 技术，可以对用户的搜索行为进行数据化，然后通过分析用户的搜索行为数据，了解用户的需求和兴趣，从而不断提升搜索引擎自身的能力。此外，ChatGPT 能够根据关键词获取数据库中的相关信息整合答案，还能根据用户在使用后的反馈信息重新自我学习并调整答案。这样看来，在智能搜索方面，ChatGPT 就像人类一样可以基于数据进行分析，还具有自我学习、自我提升的能力。

4. 对话式响应

基于 ChatGPT 技术的搜索引擎还具备一个以往搜索引擎没有的功能，

就是能够对用户的查询提供对话式响应，而不是单一地给出推荐网站的链接。这样，我们就可以直接查看搜索结果，而不需要点开推荐网站。

ChatGPT轰动了整个科技圈，也成为搜索引擎向更高层次进阶的强有力推手。ChatGPT可以使现有搜索引擎的性能得到更好的优化，为用户提供更高品质的搜索答案，给用户带来前所未有的搜索体验。

数据分析

对于ChatGPT，比尔·盖茨给出了这样的评价："ChatGPT像互联网发明一样重要，将会改变世界。"的确，在真正使用ChatGPT之后，我们会发现，ChatGPT是一个能极大提高工作效率的极佳工具。有了ChatGPT的帮助，我们的工作效率远不止提升一两倍。尤其在数据分析方面，ChatGPT所表现出来的超高效率更是让人瞠目结舌。

当前，我们处于一个数据化的时代，一切都可以数据化，比如消费者行为轨迹数据化、员工考核结果数据化、企业业绩数据化等，数据化正在改变我们生活世界的方方面面。相信很多从事数据分析工作的人在面对那些来源多样化的数据时会感到头疼不已，因为这样的数据分析起来困难重重，且耗时耗力。但这样的工作对于ChatGPT来说轻而易举。

　　ChatGPT 具有强大的数据分析能力，我们在面对庞大且来源复杂的数据分析工作时，可以将其交给 ChatGPT 去做。ChatGPT 可以帮助我们对这些数据进行很好的梳理、分析、提炼，而且分分钟就能把我们需要花费好几天才能完成的工作轻松搞定。

　　以下是 ChatGPT 对数据进行统计分析的方法：

　　第一种：关键词的统计分析。即 ChatGPT 在分析相关数据时可以从中识别和提取数据中的关键词，并对其进行计数、排名和相关性分析，以此揭示数据中的趋势和关联性。

　　第二种：时间顺序的统计分析。即 ChatGPT 可以按照时间序列识别和提取相关数据，如销售数据、流量数据等，然后对这些数据进行趋势分析、周期性分析，从而解释数据的趋势变化和周期变化。

　　第三种：机器学习的统计分析。其实，简单来说，这种方法就是根据已有数据进行预测，然后揭示数据的规律。

　　借助这三种方法，ChatGPT 可以帮助数据分析师更加精准地识别和分类用户意见、情感和行为，从而洞察用户需求，为业务决策提供有力的支撑。

　　那么我们该如何借助 ChatGPT 进行数据分析呢？这里以分析销售数据为例展开讲解。

　　第一步：输入数据。我们首先需要向 ChatGPT 输入相关销售数据，包括产品名称、销售额、销售数量、销售日期等相关数据信息。

　　第二步：输入问题。在输入相关销售数据后，接下来就要在 ChatGPT

上输入问题，如"上一年该产品哪个月的销量最好？""上一年最畅销的是哪款产品？"等。

第三步：ChatGPT 做数据分析。我们将输入的数据和问题一并提交给 ChatGPT 后，由 ChatGPT 自动识别数据和问题中的相关信息，并对数据进行进一步统计和分析，最终为我们输出相应的结果。而且 ChatGPT 自动生成的结果会按照销售数量和销售额进行排序，通过表格或图表等可视化形式，让我们更加直观地看到数据对比，以及我们想要的问题答案。这些可视化的结果方便我们进行数据分析，理解和挖掘数据中的价值，并辅助我们做出相关决策。

有了 ChatGPT 的帮助，我们进行数据分析时效率会大幅提升，能为我们节省很多时间和人力成本。更重要的是，ChatGPT 能够在运用到数据分析的行业发展中起到很好的辅助作用。

制订计划

很多人做事，开始的时候兴致勃勃，口号喊得很响亮，没有经过理性思考就开始去做，在整个过程中显得随心所欲，但最后要么是坚持不下去而放弃；要么就不了了之；要么事情完成的进度受到周围人和环境的干扰，迟迟难以完成。导致这样结果的很重要的一点就是做事情没有计划。

如果我们想要做事，但不知道该如何制订详细的计划，也没有时间去做详细的计划，那么我们不如将这项工作交给 ChatGPT。你想要的任何事情的详细计划，无论是旅游计划、锻炼计划还是培训计划、职场发展计划等，ChatGPT 都可以帮你快速制订。

1. 旅游计划

如果我们想去一个地方旅游，见识当地的风土人情，但又不知道如何做行程规划才能让自己既能玩得好，又能节省开销。如果自己在网站上搜集信息，那么需要花很多时间和精力。ChatGPT 可以作为一款旅游计划神器，为我们制订一个完整的旅游计划，为我们提供一个实用性很强且个性化的旅游规划建议。

首先，我们要确定自己的目的地在哪里，然后说出自己的喜好、大概的旅游预算，最后让 ChatGPT 帮助我们生成一个详细的旅游计划即可。在几秒之内，一份方便且实用的旅游计划就能轻松出炉（图 4-1）。

ME 我想从北京去重庆旅游，喜欢自由行，打算玩五天，预算在8000元以内，请给我一份旅游规划。

ChatGPT 以下是一份自由行的北京到重庆的旅游规划，预算在8000元以内：

第一天：北京—重庆

——从北京乘飞机抵达重庆

——抵达后可以前往解放碑步行街和洪崖洞等著名景点游览

图 4-1

——晚上可以去吃火锅，体验地道的重庆美食

第二天：重庆市

——早上前往重庆动物园观赏大熊猫等珍稀动物

——下午可以前往南山植物园欣赏美丽的植物景观

第三天：重庆—奉节县

——早上出发前往奉节县，途中可到白帝城景区参观历史文化遗址

——下午可以前往长江三峡游览

第四天：奉节县—重庆市区

——早上继续游览长江三峡景区

——下午返回重庆，在江北机场附近逛街、购物

第五天：重庆—北京

——早上可以去吃一碗地道的重庆小面

——中午可以前往重庆市内的博物馆和历史文化遗址游览

——下午乘飞机返回北京，结束愉快的旅程

备注：以上旅游计划仅供参考，具体行程时间和景点可根据个人喜好进行调整。预算包含机票、住宿、交通、门票和餐饮等费用，但不包括个人购物和其他额外支出。

图4-1　ChatGPT生成的旅游计划

ChatGPT生成的这份旅游计划基本上涵盖了重庆的著名景点和美食，而且将行程安排地井井有条，让我们能够深度体验当地的美食文化、自然景观文化、历史文化等。

2. 锻炼计划

目前，已经有人开始使用 ChatGPT 来制订锻炼计划了。美国有一位内容创作者，在告知 ChatGPT 自己想要锻炼的不同身体部位后，ChatGPT 为他量身制订了一个为期 6 天的锻炼计划样本，然后他按照 ChatGPT 的锻炼计划进行锻炼。这位内容创作者认为 ChatGPT 给出的这份为自己量身定制的锻炼计划非常好，而且实施起来很容易。

ChatGPT 能够根据不同的需求，同时为我们提供不同的锻炼计划，这可以很好地节省我们自己寻找专业人士制订计划的时间，ChatGPT 甚至还能提出我们没有想到的锻炼方法，给我们带来很多乐趣。

3. 培训计划

很多企业为了实现与员工共同发展和进步，会组织员工做相关培训。这时候，写培训计划的担子就落到了 HR 身上。ChatGPT 作为一种自然语言处理技术，正在改变着 HR 的工作方式。ChatGPT 应用于员工培训领域，能够通过分析员工的技能、兴趣和能力，帮助 HR 生成个性化的培训计划和学习资料。

下面是一个具体的例子。首先，我们为 ChatGPT 设定一个资深的文案创作培训者的身份，并告诉 ChatGPT 我们的需求，如"我是一名文案小白，想要在一个月内学会创作"；然后我们可以告诉 ChatGPT 我们想要什么，如"帮我写一份详细的培训计划"；最后，我们可以添加明确具体的要求，如"如何更加细化地学习资料，让我能够快速成长。"这样，ChatGPT 就会给出详细且实用的答案（图4-2）。

ME 你是一名资深文案创作培训师，我是一名文案小白，想在一个月内学会文案创作。你能否制订一份详细的培训计划，让我能够更加细化地学习资料，得到快速成长？

ChatGPT 以下是一份详细的为期一个月的文案创作培训计划，能够帮助您快速掌握文案创作技巧和方法。

第1周：

目标：了解文案创作基础知识和技巧

学习内容：

——了解文案的定义和作用

——学习文案结构和常用句式

——掌握文案中常用的修辞手法

——学习如何寻找和应用关键字

学习方式：

——阅读相关书籍、文章或博客

——观看相关视频课程或培训材料

——练习撰写简单的文案作品，如广告语或标题

第2周：

目标：掌握文案多样化表达方式和具体操作技巧

学习内容：

——学习如何运用情感元素来提高文案的吸引力

——掌握用数字、数据等内容支撑文案论点的方法

——学习如何编写好的标题和开头段落

——学习如何创造性地组织和布局文案内容

学习方式：

——阅读相关书籍、文章或博客

——观看相关视频课程或培训材料

——练习撰写不同类型的文案，如产品推广文案、邮件营销文案等

第3周：

目标：提高文案创作的逻辑性和魅力

学习内容：

——学习如何进行文案分析和评估

——掌握用案例、引用等元素提高文案说服力和吸引力的方法

——学习如何避免常见的文案错误和陷阱

——学习如何对已有文案进行优化和改进

学习方式：

——阅读相关书籍、文章或博客

——观看相关视频课程或培训材料

——练习分析和评估不同类型的文案，如广告、新闻稿、宣传册等

第4周：

目标：提高文案创作的实战能力和创新思维

学习内容：

——学习如何进行文案创意思考和构思

——掌握如何利用不同的媒介传达文案信息，如图片、视频、音频等

——学习如何进行文案测试和优化

图 4-2

——学习如何应对不同的文案创作挑战和问题

学习方式：

——阅读相关书籍、文章或博客

——观看相关视频课程或培训材料

——练习创作不同类型的文案，并进行测试和优化

以上是为期一个月的文案创作培训计划，您可以根据自己的实际情况进行调整和安排。同时建议您多加练习和实践，不断积累经验和提高技能。祝您学有所成！

图 4-2 　ChatGPT 生成的培训计划

4. 职场发展计划

现代社会竞争激烈，提升自己的职场生存和竞争能力，实现薪资增长、岗位晋升是每个职场人追求的目标。而这一切需要有一个详细的职场发展计划做指导。职场发展计划可以帮助职场人规划自己的职业方向，有序提升职业素养和既有水平，实现薪资水平的不断突破。

ChatGPT 可以是我们职业生涯中很好的"导师"，它可以根据我们自身的情况，为我们制订职业发展计划，指导我们的行动。

（1）职业咨询和指导

在职业发展计划中，ChatGPT 可以根据我们所提供的信息和数据，为我们提供更多的职业咨询（如行业发展趋势、职业发展机会等）和相关指导（图 4-3）。

ME 我是一名初中化学老师，已经工作三年了，我所处的行业未来前景如何？请为我
制订一个职业发展计划。

ChatGPT 作为一名初中化学老师，您未来的职业前景非常广阔。以下是为您定制的
职业发展计划：

第一步：提升教育教学能力

——参加相关教育培训，提升自己的知识水平和教学能力

——积极参加各类教研活动，与同事交流教学经验

——注重学生个性化教育，多角度、多方式进行教学

第二步：拓展学科知识领域

——关注化学相关领域的最新研究成果，了解前沿知识和技术

——参加行业会议或讲座，积极参与行业交流，扩大自己的专业人脉

——在空闲时间进行自主学习和研究，不断提高自己的专业能力水平

第三步：拓展职业发展领域

——提升管理和领导能力，争取更多的管理岗位的发展机会

——探索以后可能涉足的领域，如科研、教材编写等

——了解各类教育机构和企业需求，积极寻找适合自己的发展机会

第四步：建立个人品牌和影响力

——建立自己的教育博客或微信公众号，分享自己的教学经验和心得

——参加一些重要的专业会议和研讨会，扩大自己的影响力和知名度

——与同行业、同领域的专家建立合作关系，共同推动行业发展

图 4-3 ChatGPT 生成的职业发展计划

ChatGPT 给出的这份职业发展计划，首先分析了行业发展趋势，然后针

对职业特点做出了详细规划。相信有了这份职业发展计划，并付出行之有效的行动，我们未来的职业发展必定不会差。

（2）职业转型方向

由图4-3可知，ChatGPT还会对我们所掌握的职业技能做评估，并据此为我们提供职业转型指导和建议，为我们推荐相关工作等。

有了ChatGPT提供的职业发展计划，我们能更好地看清楚自己所处行业的发展机会和行业趋势，也能根据ChatGPT给出的建设性指导在职业上取得更大的成功。

无论任何事情，光有美好的愿景是远远不够的，只有计划才能让你进行科学的设计，并一步步实现。大多数情况下，我们不具备做计划的经验，ChatGPT能轻而易举地为我们制订各项计划，这对我们实现自己的目标有很好的指导意义。

撰写直播脚本

当前，直播带货成为电商获客、变现的主流渠道之一。很多主播除了带货，还需要提前做很多准备工作，撰写直播脚本就是其中一项。有了直播脚本，主播可以明确直播主题，避免跑题，同时可以更好地把握直播间的节奏，有序介绍直播活动所带的产品，保证整场直播顺畅进行。

如果主播没时间写直播脚本，或者新手主播不会写直播脚本，那该怎么办呢？其实你大可不必为此苦恼，因为 ChatGPT 有强大的内容生成能力，可以为我们解决写直播脚本的问题，而且其生成直播脚本的效率要比我们人工写脚本的效率高出很多。

那么，如何利用 ChatGPT 帮助我们写直播脚本呢？

1. 确定直播类型

不管是自己写直播脚本，还是利用 ChatGPT 帮助我们写直播脚本，首先都要明确直播类型，就是我们要做什么样的直播，是秀场直播、游戏直播，还是情感直播、带货直播或者其他直播。

2. 确定直播主题

不同场次的直播要有不同的直播主题。直播主题是直播的核心，好的主题能够让观众印象深刻，引起讨论和传播，最终达到吸引观众的效果。因此，确定直播主题是在让 ChatGPT 帮助我们写直播脚本之前必须要做的事情。

3. 分析受众

我们要了解进入直播间围观的观众是哪些人群，他们对直播内容的了解程度、需求和期望是什么，便于我们更好地将受众特点告知 ChatGPT。

4. 输入有用信息

让 ChatGPT 帮助我们写直播脚本，前提是我们给 ChatGPT 输入的信息是清晰的、有用的、详细的、准确的，包括整场直播时间，产品解说顺序、抽奖安排频次、福利发放环节设置、产品卖点、抽奖预算、福利预算等。

我们给 ChatGPT 输入的信息越全面、越清晰、越准确，ChatGPT 生成的直播脚本对我们做直播就越有价值。

就拿一件单品的直播脚本来说，假如我们做的是护肤品带货直播，我们需要将护肤品的卖点，包括适合的肤质、产品的安全性、使用细节、产品功效等告知 ChatGPT，这样 ChatGPT 生成的有关单品的直播脚本才能发挥作用和价值。

5. 提出要求

我们还需要提出相关要求，比如对篇幅、字数的要求等。最后我们就可以把工作交给 ChatGPT 去做，等待 ChatGPT 的生成结果。

以下是 ChatGPT 根据输入要求提供的一份直播脚本（图 4-4）。

ME　为一款护肤品写直播脚本，产品卖点：天然护肤，保湿美白，适合所有肤质。

ChatGPT　主持人：大家好，欢迎来到我们的直播间。今天我们要介绍的是一款非常特别的护肤品，它是由天然植物精华制成的，可以保湿美白，适合所有肤质。让我们一起来了解一下吧!

首先，我们来看看这款护肤品的主要卖点——天然护肤。它采用了多种植物精华，不含任何化学成分，可以深入肌肤底层滋养肌肤，让肌肤更加健康。

其次，这款护肤品还有一个非常重要的功能——保湿美白。它能够有效地补水保湿，让肌肤更加柔软细腻；同时还能够淡化色斑、提亮肤色，让你拥有更加明亮、透亮的肌肤。

最后，这款护肤品适合所有肤质。无论你是干性、油性还是混合性皮肤，都可以使用它来滋养你的肌肤，而且它还不会引起过敏或者其他不良反应。

总之，这款护肤品真的非常值得推荐！如果你正在寻找一款天然、保湿、美白的护肤品，那么它绝对是你的不二选择。快来试试吧！

图 4-4 ChatGPT 撰写的直播脚本

6. 修改和优化

对于 ChatGPT 生成的直播脚本，我们还需要对其进行修改和优化，主要是针对直播脚本中可能出现的直播平台禁止使用的极限词和相关违禁词等，以便确保直播脚本的效果达到最佳。

利用 ChatGPT 为主播写直播脚本是一种十分高效、便捷的方式，可以极大地提高直播脚本生成的效率和质量。那需要注意的是，我们输入的信息要具体，但问题不能太长，这样 ChatGPT 为我们生成的直播脚本质量才会比较高。

撰写销售话术

好的销售员除了要有高情商、具有情绪把控能力，还要会表达。对于新手销售员来讲，聚人气、锁流量、实现变现，都是难点。解决新手销售员销售难点，设计话术是关键。恰当的话术，能让销售员与客户的谈话氛围更加活泼，让销售转化率更高。

ChatGPT 在销售领域还可以成为最佳的销售助手，在很多方面可以帮助销售精英提高销售转化率。比如撰写销售话术，就是 ChatGPT 的一个强项。

ChatGPT 可以根据销售场景和客户需求，给销售人员提供合适的销售话术和销售策略，帮助他们与客户交流时能够用十分专业的表达方式，促使客户下单购买。

1. 招呼客户话术

与客户见面，先谈情感再谈生意。所以，在见到客户时，需要与客户先打招呼。ChatGPT 可以帮我们写招呼客户话术（图 4-5）。

ME　如果我是一名销售员，在见到客户时我该如何和客户打招呼、寒暄？

ChatGPT　作为一名销售员，您应该在与客户见面时采取以下方式来和客户打招呼、寒暄：

——热情地打招呼：您好，欢迎来到我们的店铺/公司！

——询问客户需求：请问您今天需要购买什么商品或者有什么问题需要解决吗？

——介绍自己：我是一名销售员，很高兴为您提供帮助。

——寒暄话题：可以通过天气、交通等话题来引起客户兴趣。

——提供帮助：如果您有任何问题或需要帮助，请随时告诉我。

以上方式可以让客户感受到您的热情和专业，同时能够引导客户进入购买流程。在交流过程中，要注意言语礼貌、态度友好，让客户感受到尊重和信任。

图 4-5　ChatGPT 生成的招呼客户话术

2. 了解客户需求话术

推销产品的其中一个秘诀就在于找到人们心底最强烈的需求。为了切实了解客户需求，销售人员必须学会用提问的方式来挖掘客户需求。在与客户进行沟通的过程中，通过巧妙的方式提问的问题越多，所获得的有效信息就越充分，最终获得销售成功的可能性就会越大。我们可以利用ChatGPT 为我们编写了解客户需求的话术（图 4-6）。

ME　我是一名销售员，我该用什么样的话术了解客户需求呢？

ChatGPT　作为一名销售员，了解客户需求是非常重要的，以下话术可以帮助您更好地了解客户需求：

——请问您今天来我们店铺/公司是有什么具体的需求吗？

——您对我们的产品/服务有什么了解吗？有哪些方面您比较关心？

——请问您之前购买过类似的产品/服务吗？您对哪些产品/服务有意见或建议呢？

——您最近是否有类似的需求？是否在寻找更好的解决方案？

——您对价格、质量、售后服务等方面有什么要求或期望？

——您是否有其他特殊需求或要求？

在了解客户需求时，要注意倾听客户的回答，认真分析客户的需求和痛点，并根据客户的情况提供相应的解决方案和建议。同时要注意用简单易懂的语言进行沟通，让客户感受到你的专业和诚信。

图 4-6 ChatGPT 编写的了解客户需求话术

3. 产品介绍话术

当客户说出自己的需求时，我们可以顺势向客户推荐满足其需求的产品，此时我们可以向 ChatGPT 寻求向客户介绍产品优势的话术，进一步引导客户下单购买（图 4-7）。

ME　如果我销售的产品是欧式衣柜，我该用什么样的话术向客户介绍产品优势呢？

ChatGPT　如果您销售的产品是欧式衣柜，以下话术可以帮助您向客户介绍产品优势：

——我们的欧式衣柜采用高品质的材料制作，确保了衣柜的耐用性和稳定性。

——我们有多种不同款式和颜色的欧式衣柜供您选择，能够满足不同客户的需求和喜好。

——我们的欧式衣柜设计合理，空间利用率高，能够有效解决存储问题。

——我们的欧式衣柜采用智能化设计，具有多种实用功能，如智能照明等。

——我们提供专业的售后服务，确保客户在使用过程中没有任何疑虑和问题。

——欧式衣柜不仅具有实用性，还美观，能够为家居增添更多的时尚感和舒适感。

以上话术可以让客户更好地了解欧式衣柜的优势和特点，并引导客户进入购买流程。在介绍产品优势时，要注意言语清晰、表达自信，并根据客户的需求和喜好，提供相应的解决方案和建议。

图 4-7　ChatGPT 生成的介绍产品优势话术

4. 消除客户疑虑话术

在销售过程中，客户总会有这样或那样的疑虑，他们担心的问题可能是客观存在的，也可能是客户的心理作用。但无论出于什么原因，销售人员都应当认真对待，用专业的处理方式、专业的话语让客户安心，进而缓解甚至消除其内心的疑虑，最终让其摆脱犹豫不决的矛盾心理，快速做出购买决策。

当客户对产品有疑虑时，ChatGPT 可以给出消除客户疑虑的销售话术（图 4-8）。

ME 我需要用什么样的话术来消除客户对这款欧式衣柜的疑虑呢？

ChatGPT 在销售过程中，有时客户会对产品存在一些疑虑，以下话术可以帮助您消除客户对这款欧式衣柜的疑虑：

——您可以放心购买我们的欧式衣柜，因为我们使用的都是高品质的材料，并且进行了多次严格的质量检测。

——我们提供专业的售后服务，如果您在使用过程中有任何问题或疑虑，我们会及时为您解决。

——我们的欧式衣柜设计合理，空间利用率高，能够有效解决存储问题，并且能够根据客户的需求和喜好进行个性化定制。

——我们有多年的生产和销售经验，深受众多客户的信赖。

——您可以先来我们店铺/公司实地看看我们的欧式衣柜，了解更多详细信息和更多欧式衣柜的优点。

以上话术可以让客户更放心地购买欧式衣柜。在处理客户疑虑时，要注意表达方式，让客户感受到您的专业和耐心。

图 4-8 ChatGPT 生成的消除客户疑虑销售话术

显然，ChatGPT 能站在客户的立场上考虑问题，并且其提供的销售话术考虑比较周全，包括产品安全性、售后的专业性、设计的合理性、客户的好评度、产品的详细优点、服务的周到性，让客户对产品产生更多的信赖，从而很好地消除客户疑虑。

5. 激发客户购买欲望话术

销售人员只有直击客户心坎，给客户一个必须购买的理由，才能激发客户购买欲望。在编写激发客户购买欲望话术方面，ChatGPT 也"手到擒来"（图 4-9）。

ME 用什么样的话术激发客户的购买欲望?

ChatGPT 在销售过程中，激发客户的购买欲望是非常重要的，以下话术可以帮助您激发客户的购买欲望:

——这款欧式衣柜是我们公司的明星产品之一，享有很高的市场声誉和口碑，您值得拥有它。

——我们的欧式衣柜不但具有实用功能，而且在外观设计上非常时尚和美观，能够为您的家居增添更多的时尚感和舒适感。

——如果您现在购买我们的欧式衣柜，我们会提供特别优惠的价格和更多的赠品，让您获得更多的实惠和惊喜。

——我们提供多个定制选项，能够满足不同客户的需求和喜好。如果您需要个性化定制，我们也可以为您量身打造。

——您可以从我们之前的客户反馈中看到，我们的产品和服务都得到了很好的评价，相信您也会成为其中的一员。

——欧式衣柜是一个必需品，它能够有效地解决您的存储问题，并且持久耐用。现在购买，让您的家居更美好。

以上话术可以让客户更好地了解产品的优势和特点，并引导客户进入购买流程。在激发客户购买欲望时，要注意言辞、表达要自信，还采用一些促销手段，例如特价、赠品等，来提高客户的购买意愿。

图 4-9　ChatGPT 生成的激发客户购买欲望话术

从 ChatGPT 生成的激发客户购买欲望的话术中，我们不难发现，ChatGPT 立足产品口碑、实用功能、实惠价格、个性化定制以及常见用户需求等来生成话术，每一点都能直击客户内心，可以有效激发客户购买欲望。

6. 促单话术

做销售，前面的一切工作都是为了促成客户下单。如果能使用实用的促单话术，那么客户下单也就水到渠成。ChatGPT 在编写促单话术方面也能帮助我们轻松应对。我们看一看 ChatGPT 的表现（图 4-10）。

ME　为了最终促使消费者下单，我们需要用到什么样的话术呢？

ChatGPT　在销售过程中，促使消费者下单是非常重要的，以下话术可以帮助您促使消费者下单：

——现在购买我们的欧式衣柜，您可以享受优惠价格和更多的赠品，这是一个难得的机会。

图 4-10

——我们提供专业的售后服务和质保政策，让您无后顾之忧。

——我们的欧式衣柜是经过多次严格质量检测和测试的，品质有保证。

——如果您现在不购买，可能会错过这个机会，我们不能保证以后还有更好的优惠和赠品。

——我们提供全方位的客户服务，让您在购买过程中感受到我们的专业和贴心。

——如果您现在购买，我们会尽快安排送货和安装，让您尽快享受到欧式衣柜带来的便利和舒适。

以上话术可以让消费者感受到购买的紧迫性和必要性，并促使他们下单购买。在促使消费者下单时，要注意表达自信、专业和耐心，同时采用一些促销手段，例如特价、赠品等，来提高消费者的购买意愿。

图 4-10　ChatGPT 生成的促单话术

ChatGPT 撰写的促单话术，用赠品与优惠、质保政策、送货上门等很好地营造了一种"物超所值"、时不再来的感觉，让客户的热情达到高潮，从而催促客户下单。

从以上 ChatGPT 提供的相关销售话术中足见 ChatGPT 在这方面的超强能力。使用 ChatGPT 生成销售话术是一种十分有效的方式，可以提高销售人员的销售能力。

创作文案

现如今，我们在工作、生活中经常需要用到文案。比如品牌文案、营销文案、广告文案等，尤其是在那些做新媒体销售的公司，好的文案作品备受欢迎。

一条好的文案可以直击人心，引发上万亿级的传播力量，能让品牌快速出圈，赢得可观的品牌势能和产品销量。

ChatGPT 是一种强大的语言模型，可以生成各种文本内容，当然也包括文案。ChatGPT 的自然语言处理能力非常出色，其生成文本的质量、流畅度、真实感、吸引力完全可以与人工创作的文案相媲美。而且，无论什么类型的文案，只要你需要，ChatGPT 都可以为你完美打造。

1. 品牌文案

创作品牌文案的目的就是实现品牌信息的传播，从而达到品牌形象的刻画、品牌价值的体现。我们知道，品牌文案通常是通过故事的形式来展开的。ChatGPT 恰好是一个故事创作高手，它能通过学习模型理解人类的意图，把品牌故事写得更生动、更有曲折性。

2. 营销文案

从事营销工作的人经常要写一些营销文案。文案新手往往为了追求华丽的辞藻，而将文案写得过于复杂和晦涩难懂，从而难以通过审核。事实上，我们完全可以向 ChatGPT 寻求帮助，并对其生成的文案加以学习和借鉴。ChatGPT 可以根据产品的特点、目标受众特点等，为我们提供高质量的营销文案，以吸引更多的潜在客户。

假如我们做的是一款家用汽车产品，我们向 ChatGPT 输入产品的相关信息：新款电动汽车，然后 ChatGPT 就为我们生成了以下营销文案（图 4-11）。

ME　为一款新款家用电动汽车写一篇营销文案。

ChatGPT　家用电动汽车——智悦行者

智悦行者是一款新款家用电动汽车，一款环保、节能、安全、智能的汽车。我们相信，它未来将会成为城市出行的首选。

智悦行者采用先进的电动技术，不仅可以为您带来更加舒适的驾乘体验，还可以有效减少污染和能源消耗。同时，智悦行者还拥有一系列智能化的功能，如自动泊车、语音导航、远程控制等，让您的驾乘更加轻松和便捷。

除了产品本身，我们还注重服务质量和品牌形象。我们致力于为客户提供优质的售前、售后服务，让您购买和使用智悦行者更加放心和安心。同时，我们注重品牌形象和文化内涵，推崇"绿色、健康、智慧"的生活方式和价值观。

我们相信，在未来的城市出行中，智悦行者将成为您最好的伙伴。它不仅可以带给您更加舒适和便捷的驾乘体验，还可以为环境保护和节能减排做出贡献。让我们一起迎接未来，选择智悦行者，开启智慧出行新时代！

图 4-11　ChatGPT 生成的营销文案

ChatGPT 生成的这份营销文案，站在消费者立场上，从环保、节能、安全、智能特点出发，吸引消费者选购。显然，ChatGPT 是懂消费者需求的。

3. 广告文案

除了能写品牌文案、营销文案，写广告文案，ChatGPT 也不在话下。以下是 ChatGPT 生成的一篇广告文案（图 4-12）。

ME　为一款为东方女性打造的口红写一篇广告文案。

ChatGPT　东方女性专属口红——红妆

红妆是一款专为东方女性打造的口红，它采用了最先进的科技和配方，为您呈现出最完美的妆容。

我们知道，东方女性的肤色和妆容需求与西方女性有很大不同。因此，我们特别研发了红妆这款口红，以满足东方女性对于口红颜色、质感、保湿度等多个方面的要求。

红妆拥有多种颜色选择，从明艳大气的正红色到温柔自然的裸色，可以满足您不同场合和心情下的需求。同时，我们注重口红的质感和保湿度，让您的嘴唇在涂抹后不仅有美丽的颜色，还能保持水润。

图 4-12

除了产品本身，我们还注重品牌形象和文化内涵。我们推崇东方女性的优雅、自信、智慧和美丽，希望通过红妆这款口红，让每一位东方女性都可以展现最自然、最美丽、最自信的一面。

让红妆成为您妆容中不可或缺的一部分，让您的妆容更加完美，让您的自信和美丽更加闪耀！

图 4-12　ChatGPT 生成的广告文案

ChatGPT 为"为东方女性打造的一款口红"所写的广告文案，思路清晰、文笔流畅，乍一看与真人写成的几乎无异，如果不说，很难察觉是 ChatGPT 所为。

ChatGPT 的文案创作功底显而易见。使用 ChatGPT 创作文案，不但可以减少创作者的撰写时间和精力，还能更好地帮助我们推广品牌和产品。因此，我们可以将文案创作工作交给 ChatGPT 来做，并通过不断尝试，让 ChatGPT 成为我们创作文案过程中越来越重要的帮手。有了 ChatGPT 的帮助，我们在工作中就可以轻松很多。

做程序开发

在大多数人看来，程序开发是一个专业性、技术性极强的工作，对于普通人来说难以胜任。但作为一种强大的自然语言处理技术，ChatGPT 可以在程序开发方面胜任各种任务，如代码自动生成、解决代码问题等。

所以，作为一名程序员，当我们花费大量时间在生成代码或者解决代码问题等上时，我们可以向 ChatGPT 寻求帮助，以提高我们的工作效率。

那么 ChatGPT 具体能在程序开发方面帮助我们做什么呢？

1. 自动生成代码

ChatGPT 可以学习现有代码库中的模式和结构，然后根据特定需求生成新的代码段。

我们可以借助 ChatGPT 自动生成代码的能力，帮助我们生成代码。我们可以不提任何要求，让 ChatGPT 自由生成，也可以输入相关要求，让 ChatGPT 生成符合我们需求的代码（图 4-13）。

ME 用代码编写一个猜数字游戏。

ChatGPT 这是一个简单的猜数字游戏，让用户在1到100之间猜一个数字，直到猜中为止。

```python
import random
#生成随机数
number = random.randint(1, 100)
#开始游戏循环
while True:
#用户输入猜测的数字
```

图 4-13

```
guess = input("请输入一个1到100之间的整数: ")

#判断是否输入了非数字字符

if not guess. isdigit():

print("请输入一个有效的数字! ")

continue

#将用户输入的字符串转换为整数

guess = int( guess)

#判断猜测的数字是否正确

if guess == number:

print("恭喜你，猜对了! ")

break

elif guess < number:

print ("你猜的数字太小了，请再试一次。")

else:

print ("你猜的数字太大了，请再试一次。")

…
```

这段代码使用了Python标准库中的"random"模块来生成随机数。每次游戏循环会提示用户输入猜测的数字，并使用"isdigit()"方法判断是否输入了非数字字符。如果用户输入了有效的数字，程序会将其转换为整数并与随机数进行比较。如果猜测正确，游戏结束；否则，程序会根据大小关系提示用户继续猜测。

图4-13 ChatGPT生成的代码

这一功能对于程序开发人员来讲非常有用，能帮助他们节省很多时间和精力，帮助他们更加高效地完成项目任务。

2. 解决代码问题

在做程序开发的过程中，我们可能会遇到一些难以解决的问题。此时，我们可以向 ChatGPT 寻求帮助。在输入对问题的描述或相关代码后，ChatGPT 会为我们提供问题的解决方案。

3. 改进现有代码

如果你手里的代码不太理想，那么你可以向 ChatGPT 描述你想要实现的目标，并让 ChatGPT 对现有代码进行改进。你还可以让 ChatGPT 为你提供操作说明，比如修改后的代码解释。

4. 简化代码

如果原始代码比较复杂和烦琐，我们完全可以让 ChatGPT 帮助我们对原始代码进行简化，使其变得更加简洁，这样有助于加快加载速度，还有利于后期做安全维护。

5. 代码注释

很多时候，为了提高代码的可读性，帮助其他人更好的理解代码，并有助于后续的维护和修改，程序员会做代码注释。这也是程序开发过程中不可或缺的一部分工作。但是，做代码注释非常耗时，有的人宁愿多写几个代码，也不愿意为代码做注释。那么我们完全可以把代码注释的工作交给 ChatGPT 去做，ChatGPT 能以最快的速度完成这项工作。以下是 ChatGPT 为自己生成的猜数字游戏代码做的注释（图 4-14）。

ME 请为这个代码做个注释。

ChatGPT 好的，下面是对代码的注释：

```python
import random  #导入random模块，用于生成随机数

#生成随机数
number = random.randint(1, 100)  #生成1到100之间的随机整数

#开始游戏循环
while True:  #无限循环，直到猜对为止

    #用户输入猜测的数字
    guess = input("请输入一个1到100之间的整数：")  #提示用户输入猜测的数字

    #判断是否输入了非数字字符
    if not guess.isdigit():  #如果用户输入的不是数字字符
        print("请输入一个有效的数字！")  #提示用户输入有效数字
        continue  #继续下一次循环

    #将用户输入的字符串转换为整数
    guess = int(guess)  #将用户输入的字符串转换为整数类型

    #判断猜测的数字是否正确
    if guess == number:  #如果猜测的数字与随机数相等
        print("恭喜你，猜对了！")  #提示用户猜对了
        break  #结束游戏循环，退出程序
    elif guess < number:  #如果猜测的数字小于随机数
```

print("你猜的数字太小了，请再试一次。")# 提示用户再次猜测，且猜测的数字太小

else: #如果猜测的数字大于随机数

print("你猜的数字太大了，请再试一次。")# 提示用户再次猜测，且猜测的数字太大

…

希望这些注释能够帮助您更好地理解代码的逻辑和实现方式。

图 4-14　ChatGPT 生成的代码注释

以上是 ChatGPT 能为我们在程序开发过程中提供的一些帮助。但是使用 ChatGPT 做程序开发，要具备两个前提：

第一，使用者在程序开发方面有很扎实的功底和经验，知道自己在借助 ChatGPT 做什么。

第二，ChatGPT 只是一个工具，而不是主导者，能否将 ChatGPT 这个工具的价值发挥到最大，还在于我们使用者本身。ChatGPT 在编程时也可能会出现问题和错误，使用 ChatGPT 只是为了让其帮助我们提升产出和效率，而不是让我们完全依赖它。因此，我们要对 ChatGPT 给出的相关编程代码等进行测试和评估。如果生成的相关代码不符合预期，我们就需要对其进行修改，直到获得理想的结果。

AI绘画

前段时间，AI绘画十分火爆，我们经常能在朋友圈、抖音等平台上看到不同画风的画作，但这些其实是 AI 绘画的成果。

什么是 AI 绘画呢？ AI 绘画就是借助 AI 技术完成各项任务，从而自动生成绘画内容。

AI 绘画的逻辑是，通过学习海量的绘画作品数据，AI 系统会对人类绘画产生一定的认知，并从已有的图像中提取数字特征，然后应用到绘画过程当中。

早在 2012 年的时候，Google 就推出了当时世界上最大的深度学习网络，其当时用 Youtube 的 100 万张猫脸照片进行了训练，最终画出了一张猫脸的照片。但遗憾的是，这张照片非常模糊，在细节上难以体现猫脸的特征。这是 AI 绘画最早的版本。

时间到了 2015 年，谷歌发布了一个名为 DeepDream 的图像工具，这一工具是模拟人类大脑和神经系统设计的一个人工神经网络，其特点就是能够辨别绘画作品中的图形。比如，DeepDream 可以将一朵形似小狗的云画成一张细节更像一只小狗的图像。显然，DeepDream 与第一代 AI 绘画相比，在细节处理方面已经有了很大的进步。

2021 年，美国 OpenAI 公司推出 GPT 系列中的 GPT-3 版本之后，AI 绘画就可以根据文本指令去创作图片了。此时的 AI 绘画已经迈出了十分重要的一步。

如今，ChatGPT 的问世让 AI 绘画的发展迈向一个更高的台阶。ChatGPT 应用于 AI 绘画，使 AI 绘画再次更新迭代，变得越来越聪明，能更加安全地输出使人类更加满意的绘画作品。

那么如何用 ChatGPT 作画呢？

非常重要的一点，就是要在 ChatGPT 对话框中输入自己想要的描述画面场景的关键词。关键词越详细，ChatGPT 给出的画作越能达到我们的心理预期。

这里我们不妨欣赏一下 ChatGPT 在 AI 绘画领域的非凡表现（图 4-15）。

ME 绘制一只背着红色书包、戴着红色帽子、围着红色围巾的毛茸茸的小兔子。

ChatGPT 好的，以下是根据要求绘出的图片：

图 4-15 基于 ChatGPT 的 AI 绘画作品

从 ChatGPT 绘出的作品来看，它不但会作图，而且有很好的审美能力，给出的绘画作品十分惊艳。所以，ChatGPT 应用于 AI 绘画，可以说给平面设计、游戏研发、影视宣传等领域带来了福音。

生成视频

如今，很多人都在做短视频，因为短视频可以为我们带来一笔可观的收益。但是，对于初学者而言，其在制作短视频的过程中可能会遇到一些困难。

但有了 ChatGPT，即便你不懂如何做短视频，也不需要担心，只要你具备一定的文字敏感度和内容判断力，你就能使短视频制作的效率得到大幅提升，从而获得更多的收益。

那么我们该如何借助 ChatGPT 帮助我们生成短视频呢？按照以下步骤操作即可。

1. 找选题

无论做什么类型的短视频，即无论是美食、娱乐、时尚、萌宠，还是知识、动漫、科技等，在制作短视频之前都要先找好选题。找选题就是为了指导短视频创作者能够更好地明确短视频内容的制作方向，以确保短视频在拍摄的时候不会偏离主题。另外，选题的好坏在很大程度上决定了短视频的传播效果，进而影响引流和变现效果。

如果你不知道如何找选题，你也不必为此烦恼，你可以向 ChatGPT 寻找帮助。

比如，你可以对 ChatGPT 进行以下提问："在抖音平台上找有关红枣养生的热门话题。"然后等待 ChatGPT 的搜索结果（图 4-16）。

ME 在抖音平台上找有关红枣养生的热门话题。

ChatGPT 以下是在抖音平台上找到的有关红枣养生的热门话题：

#红枣养生#：这是一个专门讨论红枣养生的话题，包括红枣的营养价值、功效、食用方法等。

#红枣补血#：红枣被称为"补血圣品"，这个话题下有很多关于红枣补血的视频和介绍。

#红枣滋阴#：红枣具有滋阴补肾的功效，这个话题下有很多关于红枣滋阴的视频和介绍。

#红枣润肺#：红枣含有丰富的维生素C和糖类，具有润肺止咳的作用，这个话题下有很多关于红枣润肺的视频和介绍。

图 4-16 ChatGPT 搜索的有关红枣养生的热门话题

2. 写脚本

在 ChatGPT 搜索的相关结果中，选择一个作为选题，然后，根据这个选题，让 ChatGPT 帮助我们写短视频脚本。

我们可以向 ChatGPT 输入命令："写一个有关红枣补血的短视频脚本"，然后等待 ChatGPT 的生成结果（图 4-17）。

ME　写一个有关红枣补血的短视频脚本。

ChatGPT　以下是一个有关红枣补血的短视频脚本：

画面：一位女性手拿红枣，摆在桌子上。

声音：红枣是一种非常好的补血食品。

画面：女性手拿红枣，向镜头展示。

声音：红枣含有丰富的铁质和维生素C，可以促进血液循环，提高血红蛋白含量，对于贫血患者来说非常适合。

画面：女性将红枣放入碗中，倒入开水。

声音：将红枣泡水喝，可以更好地吸收其中的营养成分。

画面：女性端起碗，喝下红枣水。

声音：此外，红枣还具有滋阴补肾、益气养颜等功效。

画面：女性微笑着向镜头展示手中的红枣。

声音：所以，不妨多吃一些红枣，让自己更健康美丽！

画面：视频结束。

图 4-17　ChatGPT 根据指令生成的短视频脚本

借助 ChatGPT 生成短视频，更加适合那些批量生产短视频的企业，以及不像视频处境的个人去做。

3. 一键生成短视频

生成短视频需要配合使用剪映 App。剪映是抖音旗下的一款手机视频编辑剪辑工具，支持录制全网视频，可以在线边看边剪。

我们可以打开剪映 App，点击"图文成片"。之后将 ChatGPT 生成的短视频脚本复制粘贴到"图文成片"窗口的文本框中，点击左下方的"智能匹配素材"，然后点击"生成视频"。

在短视频编辑页面，我们可以对视频进行"主题模板""风格套图""画面""文字""音色"等方面的修改，最后点击右上方的"导出"，就可以完成短视频制作。

这样，在 ChatGPT 的帮助下，一条图文并茂的短视频只需要大约 3 分钟就可以完成制作。这样的制作速度，一天做几百个短视频都能轻松完成。

ChatGPT 的出现给短视频创作者带来了极大的助力，让我们获得的短视频更具专业性，也极大地节省了制作时间和人力成本。有了 ChatGPT，制作优质短视频不再是难事，更重要的是还可以实现批量生产。

生成音乐

ChatGPT 能为我们做的有很多，除了以上功能，还有诸多用处。生成音乐就是其中之一。

虽然 ChatGPT 无法做到自主创作音乐，但是其可以为音乐制作提供灵感。对于约定的音乐风格，ChatGPT 可以辨识其共同的主题、和弦进展、节奏和其他特征元素，并加以模仿。这对于那些希望 ChatGPT 能够以特定风格进行创作的音乐人而言，是一件非常好的事情。

那么 ChatGPT 是如何生成音乐的呢？

1. 编写歌词

一首音乐包括歌词和歌曲两部分。只要我们向 ChatGPT 输入音乐的主题或标题，以及风格要求，ChatGPT 就可以根据这些信息编写歌词（图 4-18）。

ME 用周杰伦的风格编写一首题为"桂花香"的歌词。

ChatGPT Verse 1：

桂花香，飘散在空气中

想起你的笑容，我的心情忽然变好

夜深人静，思念难禁

想念你的温柔，让我感到无限美好

Chorus：

桂花香，让我想起你的容颜

思念难禁，让我心痛难忍

桂花香，让我感受到你的呼吸

想你的每一刻，都是我最美的回忆

Verse 2：

桂花香，如此清新怡人

想起你的微笑，我的心情变得轻盈

夜深人静，思念如潮涌

想念你的声音，让我感到无比温暖

Chorus：

桂花香，让我想起你的容颜

思念难禁，让我心痛难忍

桂花香，让我感受到你的呼吸

想你的每一刻，都是我最美的回忆

Bridge：

时间匆匆，岁月如梭

但是我的爱永远不会改变

桂花香，永远伴随着我的心灵

因为你的存在，我的生命充满了意义

Chorus：

桂花香，让我想起你的容颜

思念难禁，让我心痛难忍

桂花香，让我感受到你的呼吸

想你的每一刻，都是我最美的回忆

图 4-18

Outro：

桂花香，永远伴随着我的心灵

因为你的存在，我的生命充满了意义。

图 4-18　ChatGPT 生成的歌词

从 ChatGPT 生成的歌词风格来看，的确与周杰伦的《七里香》歌词风格十分相似。可见，ChatGPT 在模仿编写歌词方面，真的堪称"天才"。如果我们对 ChatGPT 生成的歌词还不太满意，可以继续让其按照要求重复生成，直到有一首让我们满意为止。

2. 编写歌曲

我们已经见识到了 ChatGPT 编写歌词的能力，这只是 ChatGPT 在音乐天赋方面的一部分表现，ChatGPT 还可以生成歌曲。

在具体操作过程中，我们需要输入一些详细信息作为指令，如歌曲风格、乐器类型、节奏类型等，然后 ChatGPT 就会根据这些要求为我们自动生成一个音乐旋律（图 4-19）。

ME　为上边这首"桂花香"歌词谱上一首曲子，要适合小提琴演奏，节奏要欢快。

ChatGPT　以下是一份适合小提琴演奏、节奏欢快的曲谱：

(4/4拍，D大调)

Intro：

D—A—G—D

D—A—G—D

Verse 1：

D—A—G—D

Bm—A—G—D

D—A—G—D

Bm—A—G—D

Chorus：

D—A—G—D

D—A—G—D

D—A— Bm—G

D/F#— G/A— Bm—G

Verse 2：

D—A—G—D

BM—A—G— D

D—A—G—D

Bm—A—G/F#—D

Chorus：

D—A—G—D

D—A—G— D

G/B—Bm—G—A

G/B—Bm—G/D—A

Bridge：

图 4-19

Em7-A7- Em7-A7

Bm-G-Em7-A7

Em7-A7-Em7-A7

Bm-G-Em7-A7

Chorus：

D-A-G-D

D-A-G-D

G-Bm-G-A

G-Bm-G/D-A

Outro：

D-A-G-D

图 4-19　ChatGPT 自动生成的音乐旋律

　　此外，ChatGPT 还可以为我们生成特定风格或流派的音乐，甚至还可以根据特定的艺术家或乐队的风格创作音乐。比如，我们要求 ChatGPT 根据 Beyond乐队的风格创作一首音乐，我们看一下 ChatGPT 的创作表现（图 4-20）。

ME　根据Beyond乐队风格创作一首音乐旋律。

ChatGPT　以下是一份根据Beyond乐队风格创作的音乐旋律：

(4/4，拍，E大调)

Intro：

E-B-C#m-A

E－B－C#m－A

Verse 1：

E－B－C#m－A

E－B－C#m－A

E－B－C#m－A

E－B－C#m－A

Chorus：

A－E－B－C#m

A－E/G#－F#m－D

A－E－B－C#m

A－E/G#－F#m－D

Verse 2：

E－B－C#m－A

E－B－C#m－A

E－B－C#m－A

E－B－C#m－A

Chorus：

A－E－B－C#m

A－E/G#－F#m－D

A－E－B－C#m

A－E/G#－F#m－D

Bridge：

图 4-20

C#m− A− E/G#− F#m

C#m−A−E/G#−F#m

C#m−A−E/G#−F#m

C#m−B−A−B

Chorus：

A−E−B−C#m

A−E/G#−F#m−D

A−E−B−C#m

A−E/G#−F#m−D

Outro：

E−B−C#m−A

图 4-20　ChatGPT 根据 Beyond 乐队风格创作的音乐旋律

如今，已经有诸多行业，如音乐、绘画、影视、短视频等艺术创作领域，在使用 ChatGPT 做生成图片、配音、批量生产等方面的试探性尝试。以 ChatGPT 为技术基础，可以帮助各领域以成本优势换来更高的内容创作效率。

在音乐领域，虽然 ChatGPT 可以生成音乐，但我们还是要清楚地认识到，ChatGPT 并不是音乐创作软件，也不是人类创造力的替代品，真正的创造还需要人来完成。

充当顾问

ChatGPT 是基于大规模数据训练的产物，可以说是这个世界上懂得知识最多的"人"。它总是能给我们带来惊喜。ChatGPT 在日常工作、生活中，犹如一个万事通一般，能够帮助我们做很多事情。ChatGPT 可以充当我们的私人顾问，无论是我们的工作还是生活，ChatGPT 都可以帮我们提供更多的人性化服务。

1. 情感顾问

ChatGPT 在设计的过程中，被赋予了"情感智能"的独有特点。基于此，ChatGPT 可以成为我们身边的情感顾问，而且 ChatGPT 在提供情感建议方面很有一套。

作为情感顾问，ChatGPT 能够处理的情感问题有很多，如：

（1）聆听和理解情感问题

无论我们遇到什么样的情感问题，在与 ChatGPT 倾诉的时候，ChatGPT 都可以成为一个很好的聆听者。ChatGPT 不仅能听懂我们的话，还能从中分析情感问题的症结所在。

（2）给出专业的情感建议

作为一个情感顾问，ChatGPT可以根据情感问题提供专业的建议和指导，让我们的情感问题得到有效的解决。

比如，作为一个有情感困扰的人，我们可以向ChatGPT寻求帮助，ChatGPT很快就会给我们支招，为我们提供帮助（图4-21）。

ME 我喜欢一个女孩子，我们认识半年了，不知道该如何向她表白，我该怎么办？

ChatGPT 作为一个AI语言模型，我建议您考虑以下几点：

——确认自己的感受是否真实，是否值得表白。如果您只是因为寂寞或者其他原因而喜欢这个女孩子，那么最好还是先慢慢了解她再做决定。

——找到合适的时间和地点。表白不是一件简单的事情，需要有足够的勇气和诚意。选择一个恰当的时间和地点，可以让你更加自信并更容易表白成功。

——表达自己的感受。在表白时，要诚实地告诉对方自己的感受，但也要尊重对方的选择和决定。

——接受任何结果。无论对方的回答是什么，都要尊重对方的选择，并且不要因此影响彼此之间的关系。

最后，祝您好运!

图4-21　ChatGPT提供的情感指导

ChatGPT站在用户的立场上，先让用户确定自己的内心感受，然后给出相关的指导。从这一点来看，ChatGPT给出的情感指导是比较人性化的。

2. 产品设计顾问

很多产品设计师设计出的产品不能满足消费者的需求，也不能给消费者带来更好的使用体验，进而不能带来很好的销量。ChatGPT 可以作为我们的产品设计顾问，可以为我们提供与产品设计相关的服务，如产品架构设计。

产品架构就是对某一具体业务进行抽象化，并用可视化的方式呈现出来。而且产品架构要保证设计的简洁性、完整性。例如，我们让 ChatGPT 帮助我们为拼团功能做产品架构设计，以下是 ChatGPT 输出的内容（图 4-22）。

ME 为拼团功能做产品架构设计。

ChatGPT 拼团功能是一种让多个用户一起购买商品并享受优惠的功能。在产品架构设计中，需要考虑以下几个方面：

——用户需求：拼团功能的核心是满足用户的购物需求，因此需要对用户进行调研，了解他们对拼团的需求、喜好及其行为习惯等。同时，还需要考虑不同用户群体的需求差异，比如年龄、性别、地域等。

——商品管理：拼团功能需要与商品管理系统进行集成，以实现商品信息的展示、库存管理、价格设置等。这需要考虑到不同商品的特点和属性，如尺寸、颜色、款式等。

——拼团规则：拼团功能的核心是拼团规则的设计。需要考虑到拼团人数、拼团时间、拼团价格等因素。同时需要考虑到不同商品的特点和市场需求，比如是否支持多次拼团、是否支持自定义拼团规则等。

图 4-22

——订单管理：拼团功能会带来大量订单，因此需要考虑订单管理系统的设计。需要实现订单生成、支付处理、发货跟踪等功能，并确保订单信息的准确性和安全性。

——数据分析：数据分析是产品架构设计中不可或缺的一环。需要收集和分析用户、商品、订单等相关数据，以便优化拼团功能的设计和提升用户体验。同时需要考虑到数据隐私保护和安全性。

——用户体验：最后，设计需要考虑用户的体验。需要确保拼团功能的操作简单易用，界面友好清晰，并提供足够的帮助和支持。

图 4-22 ChatGPT 为拼团功能做的产品架构设计

ChatGPT 做的产品架构设计还是非常不错的。如果是我们没有涉足过的领域的产品设计，ChatGPT 可以为我们提供的服务，其完全可以履行一个产品设计顾问的职责。

3. 理财顾问

有的人平时开销没有计划、没有节制，导致自己每个月都是"月光族"。有的人手上有闲钱，可又不知道怎么理财才能让自己轻松实现钱生钱。

ChatGPT 是一款无所不能的人工智能机器人，掌握了国内外的金融市场动态和行业数据，可以作为我们的理财顾问，根据我们的收入、支出、储蓄情况以及我们的个人需求，给我们很好的理财建议和投资指导，让我们实现财富增值。此外，ChatGPT 还能提供理财风险评估信息提示和风险控制策略，让我们时刻调整理财计划，确保我们的财务处于良好状态

（图 4-23）。

ME　我比较喜欢稳健型理财，我有20万元，可以给我一些理财建议吗？

ChatGPT　当然可以，以下是一些建议：

——分散投资：将20万元分散投资于不同的金融产品中，以降低风险。比如可以考虑将一部分投资于银行定期存款、货币基金等低风险产品，另一部分可以考虑投资于股票型基金、债券型基金等中高风险产品。

——长期投资：理财应该是长期的过程，因此建议将部分资金投资于长期的产品中，如股票型基金、房地产基金等。这样不仅可以获得更高的收益率，还可以避免短期内的波动对投资产生较大影响。

——注意费用：在选择理财产品时，要注意产品的费用，包括管理费、托管费、销售服务费等。尽量选择费用较低的产品，以提高理财收益。

——留足备用资金：即使进行投资理财，也要留足备用资金，以应对突发事件或紧急情况。建议将至少3个月的生活费用作为备用资金。

——定期调整：理财是一个动态的过程，需要根据市场变化和个人需求进行调整。建议定期检查投资组合，根据市场情况和个人需求进行调整。

希望以上建议能对您有所帮助。请注意，以上建议仅供参考，具体的理财方案需要根据您的风险承受能力、投资目标、投资时间等因素进行综合考虑。

图 4-23　ChatGPT 给出的理财建议

虽然 ChatGPT 本质上只是一个辅助工具，但 ChatGPT 可以为我们带来很多的帮助，在我们面对人生中的各种问题时帮助我们渡过难关。

充当游戏伙伴

我们玩游戏时，有一种游戏伙伴叫作 NPC（non-player character）。NPC 是游戏中的一种非玩家角色，即在电子游戏中不受真人玩家操纵的游戏角色。

传统的 NPC 给我们的感觉是在游戏当中过于死板，只会重复一些台词，这样的游戏伙伴让人感觉无聊至极。

ChatGPT 作为一种先进的自然语言处理技术，通过学习大量文本数据，为玩家提供更加生动、自然的游戏交互体验。其主要体现在：

1. 对话交互更自然

ChatGPT 能够生成非常逼真的语言。将 ChatGPT 应用于游戏领域并植入 NPC，仿佛给原本死板的 NPC 赋予了灵魂，使其变得越来越聪明。当我们提问的时候，全新的 NPC 能够像真人一样，用更加自然、灵活的语言与玩家互动并准确回答玩家的提问。

2. 反馈与建议实时化

在游戏的过程中，NPC 借助 ChatGPT 技术，可以根据当前游戏的局势，为玩家提供实时反馈和建议。根据这些反馈和建议，玩家可以更好地理解游戏局势和敌人策略，进而使玩家可以很好地预测敌人的意图及其下一步可能采取的行动，帮助玩家做出更好地行动决策。

3. 智能水平不断提升

除此以外，让我们感到更加惊喜的是，随着游戏的不断推进，接入 ChatGPT 的 NPC 的智能水平在不断提升，其不仅能根据玩家在游戏中的行为进行自我学习，使与玩家之间的互动越来越有趣，还能通过语音、图像或对话框的方式，给玩家做任务提示。如此智能化的游戏伙伴，有谁会不爱呢？

4. 游戏角色个性化

将 ChatGPT 应用于游戏，NPC 被赋予了个性，如口音、习惯、性格等，这样的 NPC 仿佛已经不再是一个玩家角色，而是一个极具个性的活生生的人。

融入 ChatGPT 技术的 NPC 是很多游戏玩家理想的游戏伙伴，能够使玩家在与游戏角色互动的时候感到更加真实、有趣，从而进一步提高游戏的沉浸感。更有意思的是，NPC 并不是单纯的技术算法，其还有很强的模仿人类的能力，这样的游戏更能引人入胜。

充当学习工具

ChatGPT 被誉为"活字典""移动的大百科全书"，其学习方式与人类的学习方式相似，是通过"投喂"大量语言数据来学习知识，而且 ChatGPT 还具有不断提升自我的学习和更新的能力。有意思的是，ChatGPT 不仅可以自己学习，还可以成为人类的学习工具，对人类高效、便捷地获取知识、技能等有着深远的影响。

1. 及时做问题反馈

ChatGPT "肚子"里装了很多知识，可谓"上知天文，下知地理"。对于我们提出的各领域的相关问题，ChatGPT 都能及时做出反馈，为我们答疑解惑，让我们从中学到很多知识。

2. 外语学习与翻译

由于各种原因，很多人会选择一门外语去学习。ChatGPT 可以生成自然语言文本，包括各种语言。我们可以将 ChatGPT 作为一种很好的语言学习工具。我们可以向 ChatGPT 输入一个外语单词或短语，ChatGPT 会为我们生成相应的解释和语法、例句等。通过与 ChatGPT 的互动，我们能够很好地提升自己的外语学习效率。

3. 个性化定制辅导

同样一门知识，不同的人对知识的掌握程度不同。ChatGPT 可以根据学习者的学习水平情况，为我们定制不同的学习辅导计划，满足不同水平的人的学习需求。就好比我们在学校学习一样，低年级学习基础知识，高年级学习更高一阶的知识。

4. 推荐学习资源

ChatGPT 就好比是一个巨大的资料库，掌握了各学科、各领域的一手资料，我们有任何需要，都可以向 ChatGPT 寻求帮助，请 ChatGPT 为我们推荐适合的学习资料，如新手零基础入门学习资料等。

5. 制订学习计划

互联网的普及使我们获取信息的渠道越来越多、速度越来越快，但如何制订学习计划是一个很重要的问题。ChatGPT 可以根据我们输入的需求、学习目标、学习情况等，为我们快速生成针对不同科目的学习计划，让我们能够在循序渐进中达到更好的学习效果。

ChatGPT 颠覆了传统学习方式，使用 ChatGPT 是实现自我提升的一种非常方便且实用的方法。无论增加知识储备还是提升职业技能，利用 ChatGPT，我们都可以更加快速地获取相关知识与信息，更加高效地进行学习，让学习变得更加轻松和有趣。

充当点评工具

在日常生活中，我们已经习惯在网上发布评论，对商家好的或坏的产品进行点评。我们所做的每一个点评，都是对商家产品的信息反馈，可以为以后光顾的客户提供一个参考，让客户更好地了解商家的产品和服务。

但有的客户不想花费时间和精力去思考和写评论，此时我们可以把这个工作交给 ChatGPT 去做。ChatGPT 具有自动生成文本的能力，让 ChatGPT 去做再适合不过。

我们可以在 ChatGPT 的对话框中输入相关要求和提示，比如："帮我写一段评论，字数不少于 20 字，主要夸赞商家的烧烤好吃和服务优质。"

很快，ChatGPT 就会为我们生成一段点评文字，而且可以用多种语言形式来呈现（图 4-24）。

ME　帮我写一段评论，不少于20字，主要夸赞商家的烧烤好吃和服务优质。

ChatGPT　这家烧烤店的味道真是太棒了，而且服务员态度也非常好，让人感觉很舒服。强烈推荐！

ME　帮我用英语写一段评论，不少于20字，主要夸赞商家的烧烤好吃和服务优质。

ChatGPT　The barbecue at this restaurant is absolutely delicious! The service is also top-notch, with friendly and attentive staff. Highly recommended!

ME　帮我用韩语写一段评论，不少于20字，主要夸赞商家的烧烤好吃和服务优质。

ChatGPT　이식당의바비큐는정말맛있습니다!서비스도최고수준이며친절하고세심한스태프입니다. 강력추천합니다!

图 4-24　ChatGPT 生成的点评文字

从 ChatGPT 生成的这段点评文字来看，其内容生成速度很快，1 ～ 2 秒就自动生成了评论内容，省时省事。另外，其支持多语言撰写，能够满足不同语种的人的撰写需求，很实用。

当然，由于 ChatGPT 没有亲自品尝食物，所以无法对食物的色香味做具体描述，因此，其生成的评论参考性比较低。但如果是简单的点评，ChatGPT 已经胜任了。

第五章
ChatGPT的使用方法

要玩转 ChatGPT，就要学会它的使用方法。虽然它几乎没有门槛，但有一些注意事项和小技巧还是需要我们去了解的，这样我们在使用时才能更顺手。

选择合适的ChatGPT应用

ChatGPT 非常强大，是个"多面手"，但这并不意味着我们就可以不作选择，随便哪一种应用都可以去用了。虽然它很强大，但是对于特定的领域，我们还是需要去选择特定的应用，原因在于，它的数据库和训练方法更适合这个领域，我们使用起来效果才会更好。

目前，市场上已有很多 ChatGPT 应用，其性能、功能各不相同。因此，在使用 ChatGPT 应用前，我们需要了解不同产品的特点、应用场景，从而选择最合适的产品。

1. 需考虑的因素

（1）应用场景

首先，我们需要了解我们需要使用 ChatGPT 的场景。比如，在智能客服领域，我们需要选择性能表现较好的 ChatGPT 进行使用，以实现精准、高效的客户服务；在虚拟偶像领域，我们需要选择具有表情丰富、形象逼真等特点的 ChatGPT 进行使用。因此，了解应用场景有助于我们选择更适合该场景的 ChatGPT 应用。

（2）性能表现

性能表现也是我们选择 ChatGPT 应用时需要重点考虑的因素之一。我们需要通过综合评估其准确性、速度、稳定性等指标来确定它的性能表现。在实际使用过程中，若 ChatGPT 应用的响应时间过长，造成时间浪费，很可能会给用户带来负面影响。因此，应用的性能表现也是我们需要考虑的重要因素。

（3）用户评价

在选择 ChatGPT 应用时，我们还需查看用户对应用的评价。用户评价可以通过各种渠道获得，包括应用商店、社交媒体、论坛等。同时，我们还可以了解 ChatGPT 应用的客户反馈、使用情况、维护及更新频率等方面的信息。这些信息可以从用户的角度着手，更好地了解 ChatGPT 应用的优劣势，作出更准确的选择。

（4）定制能力

在实际应用中，我们可能需要对 ChatGPT 应用进行个性化定制，以满足我们的特殊需求。因此，我们需要了解 ChatGPT 应用的个性化定制能力，包括添加语料库、自定义回复等功能。有些 ChatGPT 应用支持更多的定制方式，可以更好地满足用户需求。

（5）安全性

聊天机器人会涉及用户的隐私信息，如个人资料、密码等，其中一些信息特别敏感。因此，在选择 ChatGPT 应用时，我们需要对其数据保护能力进行评估。我们需要确保 ChatGPT 应用能保护用户隐私，避免被其他人或组织非法获取。

随着人工智能技术的发展，ChatGPT 应用也将越来越多地进入实际应用场景。作为用户，我们需要了解 ChatGPT 应用的特点和应用场合，对产品的性能、稳定性、可定制性和安全等方面进行综合评估，从而选择最适合我们需求的 ChatGPT 应用。

2. 应用举例

（1）Web ChatGPT

Web ChatGPT 是根据 OpenAI 的自然语言处理技术开发出来的在线聊天机器人，它可以在沟通交流、人机对话、知识查询、智能问答等领域发挥重要作用。作为一种智能聊天工具，Web ChatGPT 可以与用户更便捷地沟通交流，帮助其查询相关信息并提供各种类型的建议。

Web ChatGPT 经过了多次的数据训练和测试，它可以处理各种类型的问题，包括技术、法律、医疗、金融等多个领域的问题。因此，它可以被应用于各种领域，帮助用户更轻松地解决许多复杂的问题。

此外，Web ChatGPT 还集成知识图谱和智能搜索技术。知识图谱是一种高效处理语义信息的工具，它可以对不同领域的问题进行分类和解析。智能搜索技术则可以针对用户的查找需求，快速查找和输出相关结果。这些技术的集成可以帮助 Web ChatGPT 更好地理解用户的问题，以及更快速地响应和解决用户的需求。

Web ChatGPT 的使用方式非常简单，用户只需要打开 Web 聊天界面并输入需要解决的问题。Web ChatGPT 也支持多种语音输入和翻译服务，这样用户可以选择最适合自己的使用方式。对于一些访问量较大的应用场景，Web ChatGPT 还提供了 API 接口，这些 API 接口可以让其他应用程序进行集成，以便更好地实现与其他应用程序的配合。

鉴于其多种功能和高效的处理能力，Web ChatGPT 成为越来越多企业、机构和个人的首选工具之一。

（2）Microsoft Bing

Microsoft Bing（新必应）是微软公司的 Bing 必应改名之后的新名字。2023 年 2 月 8 日，微软公司发布了新版的必应搜索引擎，新必应使用了 OpenAI 的最新技术，旨在通过率先提供更具对话性的网络搜索和内容创建的替代方式，使自己的搜索引擎更加强大。当时新必应搜索使用的 AI 模型是 GPT3.5 的升级版，比 ChatGPT 使用的 GPT3.5 更强大，搜索效果也更好，使其一下子引起了用户的注意，收获了很多用户。

2023 年 3 月 15 日，微软副总裁兼消费者首席营销官发文确认新必应搜索引擎正在运行 GPT-4，因此新必应变得更加强大了。

新必应的使用方法非常简单，就像我们平时使用百度搜索或者谷歌搜索一样。只要进入新必应的网站，然后输入自己想要搜索的内容就可以了。我们只需要点击搜索就可以和智能 AI 对话。我们搜索到的内容都是经过 AI 智能筛选的，我们也可以和 AI 像朋友一样交谈。

　　为了使用户使用更加方便，微软还推出了必应的手机 App，让每个用户都能随时打开手机进行搜索和对话。

　　毫无疑问，ChatGPT 技术加持下的新必应使微软在搜索引擎这方面打了一场非常漂亮的仗。而随着 ChatGPT 技术的不断发展，新必应会变得更加强大，它收获的用户也会变得更多，当然，用户也会有更好的使用体验。

和ChatGPT交互的方法

　　ChatGPT 可以识别我们输入的文字、图片等，还可以通过语音进行识别，和它交互似乎非常容易。不过，我们还是要了解一下交互的方法，这样我们就能够在交互的过程中少走弯路，让它更好地为我们服务。

1. 使用文字聊天

　　ChatGPT 最常见的交互方法是通过文字聊天。我们可以打开 ChatGPT 应用，并在聊天窗口中输入问题。ChatGPT 将会利用自然语言处理技术快速分析并回答我们的问题，或给予需要的建议和意见。

　　比如，当我们在 ChatGPT 中输入"我想要去旅行，但是不知道去哪里？"ChatGPT 会根据平时积累的数据，猜测我们的意愿和偏好，自动给我们推荐合适的旅游地点。如果我们是第一次使用，它不知道我们的喜好，可能会给我们提供一些通用化的建议供我们选择（图 5-1）。

ME　我想要去旅行，但不知道去哪里。

ChatGPT　你可以根据你的兴趣爱好、预算和时间来选择一个旅游目的地。以下是一些建议：

——自然景观：如果你喜欢自然风景，可以选择去欣赏海滩、山景或森林。

——历史文化：如果你喜欢文化和历史，可以选择去欣赏当地的历史古迹、博物馆等。

——美食之旅：如果你喜欢美食，可以选择品尝当地美食和特色饮品。

——体育休闲：如果你喜欢户外运动和休闲娱乐，可以选择去欣赏运动比赛或尝试当地的户外活动和游乐设施。

——风景名胜：如果你想拍照留念，可以选择去旅游胜地，如著名的建筑、自然景观和历史遗迹。

在选择目的地时，你要考虑你的预算和时间，要选择一个合适的旅游套餐或自由行，这样可以更好地把握预算和时间，让你的旅行更加愉快和舒适。

图 5-1　ChatGPT 给出的旅游建议

如果想要获取更多旅游信息，我们可以继续与 ChatGPT 交流，向它提问其他关于旅游的问题，比如需要的预算大概是多少、附近出行的情况等（图 5-2）。

ME　再给我一点预算和出行的建议。

ChatGPT　预算和出行建议需要根据您的具体情况而定，以下是一些一般性的建议：

图 5-2

预算：

——确定旅行时间和目标地点，了解当地的交通、住宿、餐饮、景点等费用情况，制订预算计划。

——考虑预订机票、酒店、景点门票等是否可以享受优惠折扣或套餐优惠。

——尽可能提前预订，以免在旅行期间遇到高峰期价格上涨的情况。

出行建议：

——根据旅行时间和目标地点，选择合适的交通方式，如飞机、火车、汽车等，然后预订票。

——在住宿方面，可以根据自己的喜好和预算选择适合的酒店、民宿等。

——在餐饮方面，可以尝试当地特色美食，但要注意卫生和食品安全。

——拟订旅行计划时要合理安排时间，把握好游览时间，以免浪费时间。

——出行前应准备必要的药品和个人物品，并了解当地的气候和天气状况，以备不时之需。

——在旅行途中一定要注意安全，遇到困难及时寻求帮助。

图 5-2　对 ChatGPT 进行追问

由图 5-1 与图 5-2 我们可以看出，我们的询问能使它的回答越来越接近我们需要的答案。因此，我们可以通过不断追问，得到我们需要的答案。

2. 使用语音聊天

除了文字聊天，我们还可以使用语音聊天与 ChatGPT 进行交互。我们可以打开 ChatGPT，然后根据应用的提示发出语音指令或提问。ChatGPT 会根据我们说出的语音，自动识别我们的指令要求，并快速回答我们的问题。

比如，当我们对它说"我现在很无聊，有什么好玩的活动吗？"ChatGPT

将会识别语音消息，并立即回复我们当前城市中最热门的活动，并给予订票链接和小贴士。此时，我们可以直接点击链接去购票，或者继续与 ChatGPT 交流，以获得更多细节信息。

3. 使用图形界面交互

除了文字聊天和语音聊天，我们还可以使用 ChatGPT 应用程序提供的图形界面与 ChatGPT 进行互动。我们可以打开 ChatGPT，并选择所需的服务，ChatGPT 会显示相应的界面，让我们通过点选按钮、输入文本和拖动界面等方式和它互动。

比如，当我们选择从 ChatGPT 订购蛋糕时，ChatGPT 会弹出一个预订界面。我们可以选择蛋糕的种类、样式、数量、送货地址等信息，然后在界面中支付。最后，ChatGPT 会让我们确认蛋糕的送货时间和位置，以确保订单顺利完成。

4. 使用机器学习交互

ChatGPT 的发展离不开人工智能技术，我们也可以使用机器学习与 ChatGPT 进行交互。 机器学习交互需要我们的参与和反馈，以便 ChatGPT 更好地了解我们需求和偏好，从而提供更好的服务和建议。

比如，当我们在 ChatGPT 中收到一份电子邮件时，我们可以选择将邮件的内容发送给 ChatGPT 进行分析。ChatGPT 会根据我们的指示，自动识别邮件中的内容，并对其进行分析和分类。如果这是一封重要的邮件，ChatGPT 会将其标记为"Important"并提醒我们及时回复该邮件。如果这是一封垃圾邮件，ChatGPT 会将其标记为"Spam"并将其添加到我们的黑名单中，从而避免今后收到类似的电子邮件。

与 ChatGPT 交互的方法有很多，不同的方法适用于我们不同的需求和交互场景。文字聊天适用于想要快速获得答案和建议的我们；语音聊天适用于那些更喜欢语音交流的我们；图形界面交互适用于那些想要更个性化、更多样化的选择的我们；而机器学习交互适用于那些想要参与 ChatGPT 的开发、向其提供反馈和建议的我们。

ChatGPT 作为一款人工智能应用程序，它的实现方式和数据源都是不断更新和改进的。但无论如何，与 ChatGPT 交互的方法都将在应用程序中得到体现并提供给我们，以满足我们不断变化的需求。

如何优化ChatGPT的性能和体验

ChatGPT 很强大，但这并不意味着我们在使用它时的体验就一定很好。就像我们刚买来一部手机，使用起来非常流畅、非常丝滑，感觉很好，可是过了几年之后，手机的使用可能就会出现卡顿等情况，这不一定是手机真不能用了，可能是我们使用的方法不当，导致手机性能和使用体验感下降。

我们在使用 ChatGPT 时也要注意优化它的性能和体验，这样我们才能真正享受到它带给我们的方便。

1. 调整模型参数

在 ChatGPT 的使用中，我们可以通过调整模型参数来优化性能和体验。模型的参数指的是模型的超参数，例如网络结构的大小、学习率、批大小等。不同的参数可能会对性能和体验产生不同的影响。因此，我们可以通过尝试不同的参数值来找到最佳的参数配置。此外，我们还可以通过降低模型的复杂度等方式来提高模型的性能。

2. 增加训练数据

ChatGPT 的性能和体验通常取决于它所训练的数据。因此，我们可以通过增加训练数据来提高模型的性能和体验。训练数据越多，模型就越能够贴近真实的对话场景，从而提高模型的性能和体验。在增加训练数据时，我们应该注意保持数据的质量和多样性。

3. 优化输入质量

用户的输入对 ChatGPT 的性能和体验有着巨大的影响。因此，我们需要优化输入的质量。我们可以对用户输入进行过滤，排除无关或不当的内容。我们还可以在用户输入中加入更多的上下文信息，例如上一轮对话内容、用户的属性等。这些信息有助于 ChatGPT 更好地理解用户的意图和对话的语境。

4. 根据场景定制模型

在某些对话场景下，我们可以通过定制模型来提高 ChatGPT 的性能和体验。例如，在智能客服场景下，我们可以针对特定品牌或服务场景来优化模型。通过定制模型，ChatGPT 可以更好地适应不同的对话场景，从而提高其性能和体验。

5. 缩短响应时间

ChatGPT 的响应时间对于用户的体验非常重要。因此，我们需要缩短 ChatGPT 的响应时间。我们可以通过优化模型的计算速度来缩短 ChatGPT 的响应时间，例如使用 GPU 加速计算。我们还可以通过预处理和缓存一些对话内容来加速 ChatGPT 的响应。除此之外，我们还可以通过以下方法缩短 ChatGPT 的响应时间。

（1）使用更快的服务器

我们可以选择使用更快的服务器来提高 ChatGPT 的响应速度，例如购买更高配置的云服务器，这可以提高 ChatGPT 的运行速度和处理能力。

（2）使用更有效率的算法

ChatGPT 运行过程中涉及的算法的效率也会影响其响应速度，我们可以使用更有效率的算法来提高 ChatGPT 的响应速度。例如，在机器人回答用户问题时，可以通过分析问题内容来简化问题，并使用更高效的算法进行处理。

（3）限制回答长度

在一些应用场景下，ChatGPT 的回答需要控制在较短的长度范围内，这样可以提高 ChatGPT 的响应速度。我们可以启用最大回答长度的限制，这样 ChatGPT 就不会因返回过长的答案而影响响应速度。

6. 多通道响应

ChatGPT 的性能和体验还可以通过多通道响应来优化。多通道响应指的是在多个渠道上提供响应服务，例如 Web、手机等。通过多通道响应，我们可以更好地满足不同用户的需求，提高 ChatGPT 的覆盖面和使用体验。

7. 提升交互体验

ChatGPT 的交互体验是评价用户使用 ChatGPT 体验的最为直接的指标，其评价结果对于提高 ChatGPT 的使用效果非常重要。

（1）个性化投放

ChatGPT 可以通过学习用户行为，个性化调整其回答的内容和形式，这样可以提高用户和 ChatGPT 的互动体验，增强用户的满意度。

（2）加强交互设计

加强交互设计可以让用户更加容易地使用 ChatGPT，并提升用户的交互体验。可以通过合理的布局、视觉设计、音频设计等方式来加强交互设计，提高 ChatGPT 的人机交互效果。

通过对 ChatGPT 的性能和体验的优化，我们可以更好地满足自己的需求，提高 ChatGPT 的应用价值。在使用 ChatGPT 时，我们可以通过调整模型参数、增加训练数据、优化输入的质量、基于场景定制模型、缩短响应时间和多通道响应等方式来优化 ChatGPT 的性能和体验。同时，我们也需要注意保证数据、模型和算法的质量。

注意保护个人信息和隐私

ChatGPT 可以回答各种领域和主题的问题，提供多种交互方式和功能。在交互的过程中，可能很多人会提到自己的隐私内容，即便交互的内容当中没有隐私的内容，这些交互信息本身也是一种隐私。

为了保护用户的个人信息和隐私，ChatGPT 在设计和使用中采取了多种措施。我们自己也要注意对自己的个人信息和隐私进行充分保护。

1.ChatGPT 保护用户信息和隐私

（1）加密数据传输

为了保证用户的数据安全和隐私不被泄露，ChatGPT 采用了加密通信协议。用户与 ChatGPT 的交互过程中，所有的数据传输都会进行 SSL/TLS 加密，这是一种基于互联网的加密通信协议，可以有效地保护用户的数据不被第三方窃取。

（2）匿名化处理数据

ChatGPT 采用了匿名化处理用户数据的方式，这意味着机器人在处理用户的问题时，不会收集用户的真实姓名、手机号码、邮箱地址等个人敏感信息。机器人只会记录用户的聊天记录，以便更好地服务用户。

（3）保护聊天记录

ChatGPT 会保存用户的聊天记录，这些记录将仅用于内部分析和优化服务质量。同时 ChatGPT 也会采取措施保护这些聊天记录不被泄露或滥用。

（4）合法合规运营

ChatGPT 在运营过程中需要遵守相关法律法规和行业标准，比如《中华人民共和国网络安全法》《中华人民共和国个人信息保护法》等，保证用户的个人信息和隐私的安全和合法处理。

2. 自己注意保护个人信息和隐私

（1）不透露个人敏感信息

在与机器人交互时，我们应避免透露自己的个人敏感信息，如身份证号码、手机号码、银行卡号、各种密码等。如果需要查询个人账户信息或进行金融交易等操作，建议使用官方网站或客户端进行，而非通过聊天机器人。

（2）注意机器人的提示和警示

ChatGPT 在使用中会不断提醒我们注意保护自己的信息和隐私不被泄露，我们需要注意机器人的提示和警示，并根据需要采取相应的措施和对策。如果机器人发现了异常或不当行为，也会及时提示用户并提供帮助。

（3）选择合适的聊天机器人

我们应当选择官方认证和信誉良好的聊天机器人，避免使用未经认证或来源不明的机器人。我们也不要下载和使用未知来源的应用程序，以免个人信息和隐私被窃取或滥用。

（4）定期删除聊天记录

我们可以在 ChatGPT 设置中选择删除聊天记录的选项，定期清空已经不需要的聊天记录，以减少个人信息泄露的风险和隐私被侵犯的可能。

3. 积极应对个人信息泄露和隐私侵犯

（1）尽快采取措施

如果发现自己的个人信息和隐私已经被泄露或侵犯，应立即采取措施，如更改密码、清空聊天记录、封禁账户、联系客户服务等。同时也要尽快报案或寻求相关机构和专业人士的建议和帮助。

（2）关注个人信息保护与隐私权利

我们应关注个人信息保护和隐私权利的法律法规，学会如何维护自己的权益和利益。同时也要加强个人信息安全意识和防范意识，避免被骗或误导，并掌握个人信息和隐私被泄露的预防和处理方法。

（3）合理对待聊天机器人

我们应合理对待聊天机器人，在使用中遵守法律法规和网络道德规范，不要进行非法或恶意行为，以免对自己和他人造成不良影响和损失。同时也要监督和维护聊天机器人的安全和合法运营，为自己和其他用户提供更好的机器人服务和用户体验。

保护个人信息和隐私是一项长期而且不断发展的工作，需要社会各方的共同参与和努力。ChatGPT 作为一个聊天机器人，也在积极做好这方面的工作。在使用 ChatGPT 时，我们应当注意自己的信息和隐私安全，合理对待聊天机器人，共同营造健康、安全、规范的人工智能服务环境。

第六章
ChatGPT的最新发展

ChatGPT 的发展速度快到令人惊叹，几天不关注新闻，它就可能又有了一个非常大的变化。我们平时应该多看一看这方面的内容，这样才能跟上它的发展速度，走在这场 AI 革命的前列。

ChatGPT的记忆功能

我们在看新闻、刷短视频、购物的过程中会发现，无论是网页还是App，其都有记忆的功能，只要我们搜索过一次，它就会将相似的内容推荐给我们。那么，ChatGPT如此强大，怎么可以没有记忆功能呢？于是，OpenAI公司推出了ChatGPT的记忆功能。

在以前，我们询问ChatGPT一个问题，它就回答一个问题。即便我们让它重新回答或者继续回答，它也只是根据我们的这个提问进行回答。如果我们换一个问题，它就会忘记之前的提问，只回答当前的新问题。

只要没有记忆的功能，即便ChatGPT非常强大，它也总会显得和人不一样。如果有了记忆功能，它的回答就更有逻辑，也更像是一个有"智慧"的AI了。

我们可以将ChatGPT的记忆分为短期记忆和长期记忆。短期记忆就是对当前提问的内容进行记忆的功能，这种记忆非常短暂，当我们提出新的问题时，旧的问题就被新的问题覆盖了，之前的记忆也就不复存在。长期记忆是ChatGPT的知识库，包含了它的训练数据，是非常庞大的，但这不是用户能给它的。

现在，OpenAI 公司推出的新功能就是记忆，ChatGPT 不但能够记住用户的话，还可以给用户一些选项，让用户来选择哪些话被它记住，哪些话不被它记住。有了这个功能，用户就可以得到更加人性化的服务了。

在发布这项功能时，OpenAI 公司表示，用户使用 ChatGPT 的次数越多，那么它记忆的内容也越多。比如，你曾对 ChatGPT 说，你有一个非常可爱的孩子，他喜欢踢足球。那么，当你想要送孩子礼物时，它可能会建议你送一个足球，或者送他足球明星的球衣。

OpenAI 公司给用户提供了设置的按钮，让用户可以轻松删除和修改 ChatGPT 的记忆内容，用户使用起来会非常方便。

有了记忆功能，ChatGPT 会变得比以前更像一个贴心的朋友，能够知道我们真正需要的是什么。而可以对记忆内容进行删除，则让这个功能变得更加好用了。

除此之外，OpenAI 公司还为用户准备了一个临时对话的功能，让用户不用为记忆功能感到烦恼，随时可以在有记忆和无记忆的 ChatGPT 之间进行切换。

记忆功能虽然使 ChatGPT 变得更强大，但同时会带来用户信息泄露的风险。试想一下，你每天询问 ChatGPT 的问题都被 OpenAI 公司掌握了，或者都被黑客掌握了，那你将没有秘密可言。当然，OpenAI 公司表示会将用户的信息严格保密，并且让它处在非常安全的环境当中。

不管怎么样，技术的进步是可圈可点的，我们也相信 ChatGPT 在将来会变得更加强大。

GTP Store的到来

2024 年 1 月 10 日，OpenAI 公司推出了在线商店 GPT Store，这是一个定制聊天机器人商城，用户可以在这里创建各种各样的聊天机器人。

其实，早在 2023 年 11 月，在旧金山举行的 OpenAI 首届开发者大会上，GPT Store 的概念就已经公布出来了。它给用户提供了一种全新的方式，让用户在使用 ChatGPT 时更加灵活。用户不需要是一名程序员，也不需要会写代码，只要根据提示来提交对话指令和一些相关的知识数据，并确定需要哪些相关的具体功能，就可以生成一些特定行业和领域的 ChatGPT 助手了。

这也意味着，或许在不久以后，人们可以像在手机应用商店下载手机应用一样去下载一些 GTP 应用。以后这个 AI 商店也有可能会成为很多 AI 工具的上线地点，人们一想到要下载 AI 应用，首先就会想到 GPT Store。

对于开发者来讲，这当然是个不错的机遇。如果通过 GPT Store 开发出一些非常有用的聊天机器人，比如教孩子学习的聊天机器人，其可能会受到很多家长的青睐。别人使用这个聊天机器人需要付费，而开发者和OpenAI 公司共同接受这个费用，那么开发者就可以拿到相应的分成。

不过，这也让很多 AI 初创公司感到难以接受，因为这给他们带来了巨大的破产风险。所以，有人表示，OpenAI 公司正在杀死创业公司。但不管怎么样，对于用户来说，这是一件好事。

开发 GPT 助手的具体过程并不复杂，就像是我们和人工智能机器人聊天一样简单：

①登录 OpenAI 公司的官网，并注册一个账号，然后开通它的会员。

②点击左上方的"Explore"来到自定义构建模式的界面。

③在新的界面当中点击"Creat a GPT"，就能够开始构建自定义的 GPT 助手了。

④点击"Create"，将你想要构建的 GPT 想法输入下方的对话框。比如，我想要构建一个教中学生读书的 GPT 助手。如果对 GPT 有特殊要求，还可以点击相应的附件按钮，将相应的数据传输进去。

⑤给自己的 GPT 助手取一个名字、选择一个头像。当然，你也可以让系统来自动生成这些内容。

⑥点击"Configure"，你可以对一些详细的内容进行配置，比如加上联网功能、图片生成功能等。如果你想让自己的 GPT 助手更强大，你可以将这些功能全都选上。

⑦最后，你可以选择只有自己使用这个 GPT 模型，或者将这个模型分

享给你的朋友、同事，又或者将它分享给全世界的所有人。当然，只有当你分享之后，别人才可以看到它并使用它，你也才有可能通过它来获得相应的报酬。

GPT Store 可以说是 OpenAI 公司整个 AI 生态环境中非常重要的一环，因为不管 AI 如何发展，用户总是需要个性化的相关服务的。一个可以自定义的个性化的商店就显得必不可少了。如果 GPT Store 能够成为今后的主流商店，它给 OpenAI 公司带来的经济效益将会十分显著，就像现在的手机应用商店一样。

GPT-4 Turbo和GPT-4o

虽然 GPT-4 已经非常强大了，但是 OpenAI 公司并没有止步于此，而是相继推出了 GPT-4 Turbo 和 GPT-4o。从名字上我们就可以知道，它们并非全面升级，但是相比 GPT-4，其性能还是有了很大的提高。

GPT-4 Turbo 有扩大的 128K 的上下文窗口，这样一来，它能够接受的文本量就更大了，大约可以处理相当于 300 页文字的信息量，这远远超过了其他许多模型。这也不仅仅是输入的内容多一点的事儿，这还意味着它能输出更多的内容，并且在更多的场景中得到应用，也就是说它的理解能力变得更强了。这可以说是一个非常巨大的提升。

除了能处理更长的文字，GPT-4 Turbo 还提供了多模态 API 支持，即它能够处理图像和语音。这使它在处理一些复杂工作时变得更加灵活，更能适应工作的需要。在互联网企业，已经有不少人使用 GPT-4 Turbo 工作了，并且效果不错。可以看出，虽然 GPT-4 Turbo 不是 GPT-5，但比 GPT-4 强大了不止一点。

不久之后，OpenAI 公司又推出了 GPT-4o，其在功能上有了很大的提升，不仅如此，其使用价格也有了大幅度的降低。

GPT-4o 当中的 "o" 指的是 "omni"，大致意思是 "全能"，也就是说它的功能非常强大，它能够对音频、图像和文本进行实时推理，其支持的语言种类高达 50 种，处理的速度非常快，质量也非常高。除此之外，相比之前的版本，它更能理解人的情绪，其回答更加贴近人的情感需要。他的反应速度也非常快，接近人类的对话节奏，从而使人机交互更加自然、流畅。

在使用成本方面，GPT-4o 的使用成本大概降低了 50%，这是非常明显的进步。由于成本降低，GPT-4o 可以给免费使用它的用户带来更好的使用体验，可以说是将 GPT 的服务真正给到了每一个人，而不是只给了有钱购买会员的人。

GPT-4 Turbo 和 GPT-4o 固然很强大，但它们也并不是完美的，还存在一定的升级空间。相信未来 GPT 的技术一定能够变得更强大，GPT-5 也会带给我们更多的惊喜。

现在，我们在了解 GPT-4 Turbo 和 GPT-4o 强大的同时不要过分崇拜它，更不要迷失在一些概念炒作者的话语中。我们要以客观、理智的心态看待它们，如果它能满足我们当前的需要，我们就可以使用；如果不能满足，则可以再等一等。

Sora 冲击视频行业

2024 年 2 月 15 日，OpenAI 公司发布了人工智能文生视频大模型 Sora，并发布了 48 个文生视频案例和技术报告。Sora 一经问世就引起了轩然大波，人们都明显感觉到它将给整个视频行业带来巨大的冲击。

视频和图片不同，它需要连续的图片来构成。在 ChatGPT 技术不断发展的同时，视觉算法不断突破，在泛化性、可提示性、生成质量和稳定性等方面都有很不错的发展。正因如此，视频领域的一些应用得以问世，并吸引众人的眼球。

Sora 能够根据用户输入的文字生成视频内容，这个视频内容十分逼真，时间最长为 60 秒。尽管 60 秒的时间不算长，但这足以令人感到震惊了，因为在这之前，这个行业当中生成视频的平均时长只有 4 秒。它意味着我们只凭文字就能创造视频，不需要去亲自拍摄或绘图。于是，网络上有一些人就用 AI 生成的视频来演绎《西游记》等充满想象力的文学作品，其效果还可以，只是偏西方化，东方元素相对较少。相信在未来，随着技术的进一步发展，Sora 会变得更加强大，到时候其或许可以生成长度非常长的视频。

除了制作的视频时长比同行长，Sora 还有很多优势。比如，Sora 对用户提供的文字理解很到位，能够准确把握用户的心思，制作出令用户满意的视频。Sora 还能够制作出场景很复杂、细节很多的视频。

除了将文字变成视频，Sora 还可以让静态的图片动起来，变成视频。在将图片变成视频时，它会加上一些细节，使视频更加逼真。这个功能对于制作广告、动画等有很大的帮助。

Sora 也可以对视频进行扩展和补充，让视频更清晰和完善。它还可以将两个视频无缝连接，即便是场景差别很大的两个视频。在视频编辑工作领域，这些功能将会非常好用。

除了以上功能，Sora 还可以实现以下功能：

①生成图像。Sora 可以生成图像，图像的尺寸可以自定义，分辨率最高可以达到 2048×2048。

②模拟动作及其效果。Sora 可以用简单的方式模拟影响世界状态的动作，比如一个人在沙滩上作画，用沙子留下痕迹。

③模拟数字世界。Sora 能在虚拟的数字世界中模仿人的操作，让游戏

中的虚拟角色更加逼真。

④多角度视频。就像拍摄影视时多个机位拍摄那样，对同样的视频内容，Sora 能生成多种角度的视频画面。

⑤ 3D 一致。Sora 能生成动态运动的视频，视频画面会随着相机移动和旋转，人和场景元素在三维空间中一致移动。

虽然目前 Sora 展现给人们的功能已经十分强大了，但这和 OpenAI 公司对它的期望相比根本不算什么。OpenAI 公司认为，Sora 是一个"世界模拟器"，它有无限的潜能，可以创造出一个虚拟的世界。或许，元宇宙当中的整个虚拟世界就可以由它来创造和运行。

第七章
ChatGPT的未来

历史的车轮总是滚滚向前，时代的发展也总是向前推进。ChatGPT 作为一种自然语言处理技术，自然也会随着时间的推移而不断更新和迭代。未来，ChatGPT 将会迎来更大的发展，其应用前景也必将更加广阔。ChatGPT 的未来，我们拭目以待！

ChatGPT技术发展趋势

ChatGPT 的发展用"突飞猛进"来形容一点儿也不为过。基于自然语言处理技术，ChatGPT 经过了大规模数据的训练，提高了语言生成效果的准确性、流畅性。基于此，ChatGPT 不仅表现出很强的内容生成能力，还在智能搜索、智能客服、程序开发、生成音乐等众多应用场景中表现出"天才"的一面。

随着时代的不断进步，ChatGPT 作为一种自然语言处理技术，也将迎来其独有的发展趋势。

1. 更加多元化

未来，我们工作、生活生成的数据越来越多，ChatGPT 用于训练的数据库规模也随之变得越来越大。因此，未来的 ChatGPT 能够掌握的数据信息呈指数级增长，成为名副其实的"万事通"。届时，ChatGPT 的功能，以及能为我们提供的服务将变得更加多元化。

2. 更加自适应化

ChatGPT 具有很好的自我学习能力，它能实时生成自然会话和文本内容，而且具有极强的解决问题和自我改进的能力。ChatGPT 使用深度强化学习技术，对用户给出的指令进行快速分析，从而获得全新数据信息，然后根据这些数据信息进行自动学习和迭代，让自己变得更加强大。

3. 更加智能化

在未来，ChatGPT 技术将变得更加智能化，这是其未来的发展趋势之一。随着人工智能技术的不断发展，ChatGPT 的模型和算法也在不断改进和升级。未来，ChatGPT 将变得更加智能化，对于用户的提问，其能够从更深层次挖掘其中隐含的情感信息，从而更好地理解人类语言。这就意味着，在未来，ChatGPT 能根据对话的语境、上下文等，更好地理解用户的意图，并为用户生成更加精准和丰富的回复。

4. 更加个性化

未来，人们对个性化服务的呼声和需求会越来越高，大家都想通过个性化来体现自己的与众不同。ChatGPT 在未来也必将顺应市场需求，大家需要什么，就迎合什么，为人类提供更加个性化的服务，甚至能根据用户的特点，如喜好、习惯等，为用户量身打造精准服务。

5. 更加情感化

当前的 ChatGPT 在情感方面的表现略微逊色，只是能理解用户输入的文字的意思，却难以读懂其中隐藏的情感。未来，ChatGPT 将以"读懂"情感作为重点改进和提升方向，用"同理心"去理解用户语言，站在用户立场上感受用户的情绪，能使用更具情感化的表达方式，甚至能学习和模仿人类的情感表达和语言特征。毫无疑问，未来的 ChatGPT 能够对用户的情感诉求给予很好的回应，甚至能够成为人类的一种全新情感抚慰工具。

6. 更加安全

当前，某些用户在使用 ChatGPT 的过程中，发现自己的聊天窗口中能看到别人的聊天记录。这就意味着 ChatGPT 存在一定的安全漏洞。针对这一问题，未来的 ChatGPT 必将以数据的安全性、隐私保护等作为重点关注对象，确保用户信息不会被泄露。那么我们就可以更加放心地使用 ChatGPT，再也不必为其安全隐患而担忧。

我们相信，未来的 ChatGPT 技术将会取得更多的突破，必将是一个更加趋于完美的人工智能工具，一切不足之处必将是其完善和提升的重点方向。可以预见，未来的 ChatGPT 将更懂人类，能为人类提供更加放心、贴心的服务。

ChatGPT的商业前景和市场趋势

每出现一种技术，其最终的归宿都是商业应用。这样，新技术的价值才能得到充分的发挥，为人类做出更多的贡献，甚至创造出更多的财富。这也是人类研发新技术的意义所在。ChatGPT 的诞生和存在也是如此。

能真正体现 ChatGPT 价值的是它的商业前景和未来的市场趋势。那么 ChatGPT 的商业前景和市场趋势如何呢？这里我们简单分析一下。

1. ChatGPT 的商业前景

从当前 ChatGPT 的应用表现来看，我们会发现，它的活跃度很高，可涉及的商业应用领域比较广泛，大概可划分为五大类，分别是文本生成、代码生成、图像生成、音频生成、视频生成。

但这些领域只是 ChatGPT 商业应用的冰山一角。未来，随着 ChatGPT 技术的不断提升，其将获得更大的突破。ChatGPT 会为更多的行业带来深刻的变革，为用户带来更具创新的服务体验，会产生一些有趣的应用以及全新的商业模式，在更多的商业应用场景落地。可以说，ChatGPT 未来的商业化前景十分乐观。

2. ChatGPT 的市场趋势

当下，ChatGPT 异常火爆。但我们不得不承认，ChatGPT 目前还处于萌芽阶段。下一阶段，ChatGPT 真正的应用阶段将全面铺开。那么，哪些领域将会成为 ChatGPT 的重点应用方向呢？

（1）智能客服

ChatGPT 本身就是一个智能问答工具，所以智能客服是其最佳的落地场景。当前的机器人客服呈现出的是一种死板的客户服务方式。ChatGPT 支持的智能客服能真正做到千人千面，在面对不同用户的时候，能够为其提供更加灵活、个性化的服务。可以想象一下，未来我们所接触到的智能客服能够想我们所想，急我们所急，更加智能化地为我们提供个性化的服务体验。

（2）传媒娱乐

随着ChatGPT的进一步发展，其内容生成将进入实质性阶段。传媒领域对于内容的需求量极大，因此，未来ChatGPT在传媒娱乐领域的应用必将成为一种趋势，而且不再是纸上谈兵，而是实战操作。ChatGPT的介入会使媒体行业的生产效率获得显著提升，也为用户带来了全新的视觉化体验，传媒也会向"智媒"快速转变。

（3）职场办公

职场中，对于办公软件的需求是十分强烈的。将ChatGPT引入办公软件是很多职场人所期望的。因此，各种办公软件也必定会更好地迎合用户需求，探索将ChatGPT融入办公软件，使办公软件的功能、安全性等方面大幅提升的方法。这样全新打造的办公软件必定受到广大职场人的青睐。

当然，ChatGPT未来的市场并不限于此。未来2～3年，ChatGPT将会成为一种很好的辅助工具并为我们所用。ChatGPT在各领域都将有很大的应用市场，并产生很大的影响。

ChatGPT对特定产业的扩展

　　ChatGPT 是一种非常强大的语言模型，其应用前景非常广泛。但随着 ChatGPT 的不断发展以其应用领域的广泛化，其也带动了 AI 芯片产业链、数据产业链的进一步扩展。

1. AI 芯片产业链

　　ChatGPT 作为一种基于自然语言处理技术的人工智能聊天机器人，与传统的人工智能相比，其并不是对数据进行分析再做决策，而是在对已有数据进行学习归纳后，通过模仿式创新实现全新内容的生成。这里就需要依靠高性能 AI 芯片、服务器、数据中心为 ChatGPT 提供算力支撑。这三者是 ChatGPT 发展的基础设施。

　　芯片我们应该不陌生，它也叫作集成电路，就是把一把电路封装到一个小小的元器件上。其主要作用是完成运算、处理任务。简单来说，就是将电路小型化、微型化。

　　AI 芯片就是能够运行人工智能算法的芯片。

　　AI 芯片主要包括 CPU、GPU、FPGA、ASIC 四类。其中，CPU，中央处

理器，是计算机的运算和控制核心；GPU，图形处理器，是为了满足计算机游戏图形处理需求而开发出来的；FPGA，现场可编程门阵列，最大的特点在于其现场可编程的特性；ASIC，专用集成电路，是一种云计算专用的高端芯片。

其中，CPU 是 AI 计算的基础，GPU、FPGA、ASIC 的职责则是加速芯片协助 CPU 进行大规模计算。

ChatGPT 的训练主要是通过不同类型的 AI 芯片来执行的。随着 ChatGPT 的进一步发展，其对 AI 芯片的需求量也会不断提升，这就为 AI 芯片带来了很好的产业机遇，AI 芯片也将成为重要的受益对象。因此，未来 AI 芯片产业规模会随着 ChatGPT 的发展而迎来快速扩张之势。

2. 数据产业链

ChatGPT 技术得以成功落地，数据产业是非常重要的支撑力量。ChatGPT 未来将会受到各种数据的训练。数据，是 ChatGPT 实现自我提升和迭代的必要条件。ChatGPT 在未来的高速发展将促使大数据产业链迎来更大的市场，这对于数据产业发展是利好的。数据产业链的不断扩展、扩张，也将成为未来的一种发展趋势。

未来，与 ChatGPT 相关的产业在 ChatGPT 的影响下，必将得到"井喷式"增长。这一点毋庸置疑。

ChatGPT对未来社会的影响

ChatGPT 作为全新的人工智能聊天机器人，被人们看作"学富五车""才高八斗""满腹经纶"的高阶技术。ChatGPT 的出现和发展对人类社会未来的影响有正面的，也有负面的。

1. 正面影响

说到 ChatGPT 将给社会带来的正面影响，大致概括起来，可包含以下几点：

（1）提高效率

ChatGPT 具有文本生成能力，可以帮助我们完成一些烦琐而简单的工作，如文案撰写、新闻撰写、客服沟通、客户关系管理等，可以提升我们的工作效率，减少人工工作量，节省人工时间和成本。这种技术可以使人类的生产力得到进一步提升，为企业带来更好的业务成果和更高的效益。

（2）增强创造力

很多时候，我们在思考事情的时候会出现卡壳儿，这就阻止了我们创新工作的进一步推进。ChatGPT 可以通过我们的提问，为我们提供及时反馈和指导，为我们提供创作灵感。尤其在文学、音乐等艺术领域，ChatGPT将会为我们带来更多的创新灵感，激发我们的创造力。

（3）拓展人类知识边界

ChatGPT掌握了大量知识和信息，我们可以通过ChatGPT生成的文本内容获取更多的知识和信息。ChatGPT的出现和应用，将打破我们的知识边界，为我们提供一个更加便捷的获取知识的通道。

（4）变革人机交互方式

ChatGPT的出现使以往我们与计算机的交互方式得到了革新。我们可以与计算机更加自然、流畅地交互，甚至会感觉像是与真人面对面交流一般。这样的人机交互方式更易于快速普及。

2.负面影响

ChatGPT的问世也存在一些负面影响。

（1）人类面临失业风险

ChatGPT的功能如此强大，可以帮助我们做很多事情。但与此同时，也可能会因此取代一些人的工作，如客服、客户管理、文案、编辑等工作。很多企业可能会为了节省成本，而采用ChatGPT代替人工的方式去完成这些简单的工作。其造成的直接结果是，有一部分人会因此失去工作，进而影响他们的经济收入和生活质量。

但是，我们不必过于担忧，因为ChatGPT只能做一些简单、重复性的工作，那些复杂、具有创造性的工作其无法胜任。因此，我们要提升自己的工作能力，以免被 ChatGPT 淘汰。另外，ChatGPT 的出现也会带来一些新的岗位机会，如 ChatGPT 算法工程师、聊天机器人开发工程师、文本自动生成工程师、ChatGPT 产品经理等。

（2）引发欺诈问题

未来，ChatGPT 的表达方式将更加逼真。这就会使某些恶意用户有机可乘。他们可能会利用 ChatGPT 进行诈骗，损害消费者的利益。因此，我们在使用 ChatGPT 的过程中要注意保护个人隐私和财产安全。

任何事物都有两面性，关键在于我们如何去看待，如何去正确利用它好的一面。我们要用科学的视角、发展的眼光、积极的心态去看待和拥抱 ChatGPT，让 ChatGPT 技术更好地发展。我们也要学会利用 ChatGPT 为我们创造更多的价值和财富，这才是新时代下，一个能够保持与时俱进的人该有的样子。

ChatGPT的未来应用猜想

毫无疑问，ChatGPT 是迄今为止最先进的人工智能技术之一。关于 ChatGPT 未来的应用，我们应该秉持科学、大胆、探索、创新的"八字"心态，尽情地发挥自己的奇思妙想去预想和猜测。

未来，ChatGPT 的应用落脚点可能会是以下几方面：

1. 无人驾驶汽车

无人驾驶汽车是当前很有发展前景的交通工具，是未来汽车技术的发展方向，它能解决很多公共交通问题。

未来，将 ChatGPT 接入无人驾驶汽车，会使无人驾驶汽车功能得到改善。

（1）打发无聊时间

ChatGPT 具有强大的聊天能力。乘客乘坐无人驾驶汽车会有较长的乘车时间。这个时间里，乘客可能会感觉很无聊。将 ChatGPT 技术融入无人驾驶汽车，乘客可以与 ChatGPT 畅聊，让乘客放松身心，同时打发无聊时间。

（2）沿途信息介绍

ChatGPT 还可以为我们做沿途景点介绍、历史文化背景介绍、美食推荐等，让我们对经过地方的风土人情有更深入的了解，也增加了我们旅行的丰富性和趣味性；ChatGPT 还可以为我们提供实时交通情况、天气情况，我们可以随时调整出行路线，保证出行无忧。试问，这样一个出行"好伴侣"有谁会不爱呢？

2. 智能家居控制

智能家居是时下家居界的新宠，正在成为现代家庭选购的新选择。智能家居中，各种设备，如灯光、空调、音响、门锁、淋浴等，都可以通过自动控制和调节，达到节能减耗、提升生活品质的目的。

　　ChatGPT 技术也可以应用于智能家居控制，使智能家居技术得到进一步发展。具体来讲，我们可以发挥 ChatGPT 的自然语言处理和生成能力，借助语音功能控制家居设备，如打开窗帘、调节空调温度和加湿器湿度等。此外，我们还可以让 ChatGPT 帮助我们管理家庭日程安排等。

　　我们可以尽情地想象一下这样的场景：当我们拖着疲惫的身体下班回家后，可以要求 ChatGPT 帮助我们自动打开空调、电灯、扫地机器人等设备，让 ChatGPT 命令智能家居去执行，我们可以或躺或坐在沙发上边看电视边休息，享受在家里的舒适生活。

　　总之，ChatGPT 在智能家居控制方面的应用，可以提高用户使用的便捷性和舒适性，同时能起到很好的节能减耗效果，让用户拥有更好的生活体验。

　　ChatGPT 的这些应用完全有"猜想成真"的可能。相信，ChatGPT 还有更多的创新型应用等待我们去畅想和探索，一切未来可期！